再生と進化に向けて

建設業の長期ビジョン

一般社団法人 日本建設業連合会／編集・発行

はじめに

一般社団法人日本建設業連合会
会長　中村　満義

　私は長年、人々が安全・安心に暮らせる豊かな国土づくりこそが国民の願いであり、建設業は本来、国民とともにその実現に取り組む、誇りと希望を持つ産業であるはずだと思っています。また、自然災害が多発する国土を持つ我が国において、建設業は、建造物の防災・減災対策にとどまらず、災害発生時の被災者支援、復旧から復興に至る一連の応災活動に一貫して取り組むなど、社会的存在意義が非常に高く、緊急時にはとりわけ頼りにしていただける産業でもあります。

　しかし、多年に及ぶデフレ経済の影響は、近年の我が国建設業の産業体質の脆弱化、企業体力の劣化、技能労働者の処遇の低下など様々な歪として現れております。中でも技能労働者の著しい高齢化と、団塊世代を中心とした大量離職を近い将来に控えていることは深刻な問題です。女性を含めた多くの若者を早急に建設業に招き入れ、世代交代を実現しなければ、10年を経ずして建設業の生産体制が破綻しかねない極めて危機的な状態に至っています。このまま手をこまねくようでは、我が国建設業は、国民の負託にしっかりと応えるという責務を果たすことが出来なくなる、私はそうした危惧の念を強く抱いています。

　本ビジョンでは、こうした重大な危機感をベースに、現在から2050年までの超長期のスパンに立ち、建設業の役割とあるべき姿を「進化」

はじめに

の一つの方向として提示するとともに、喫緊の課題である担い手の世代交代を中心に、2025年までにたくましい建設業に「再生」するための道筋を、可能な限り具体的に示すことといたしました。

　本ビジョンの作成に当たっては、総合企画委員会をはじめとする日建連の全28委員会とともに、9支部、会員企業の140社全てが検討に加わるという、まさに全員参加型の体制で、1年にわたって取り組んでまいりました。
　また、本ビジョンを、広く業界内外の方々にお読みいただくに足る内容にするために、多くの有識者の方々や国土交通省をはじめとする関係機関の皆様から、大変貴重なご意見ご示唆をいただきました。ここに改めて皆様に感謝の意を表します。

　さて、先頃、2014年は建設業就業者数が前年比6万人増加し、中でも若者が3万人増加したという大変嬉しい調査結果が公表されました。長年続いた就業者、特に若者の減少傾向に歯止めがかかり増加に転じることができたのは、太田国土交通大臣の卓越したリーダーシップのもとで、担い手の確保・育成に向けて官民挙げて取り組んだ成果であると受け止めております。

　日建連では、こうした流れを一過性のものとすることがないよう、本ビジョンを指針として、今後の活動をさらに積極的に推進してまいります。もとより、本ビジョンの標題であります「再生と進化に向けて」、とりわけ担い手の世代交代を推し進めるためには、日建連はもとより、国土交通省、都道府県等の行政機関、建設業団体、専門工事業、中小・地場建設業、設計界、コンサルタント界等、建設業に直接、

間接に携わる多くの方々が、課題を共有し、力を合わせて取り組むことが必要不可欠です。是非とも、本ビジョンを参考に、関係者間で十分な議論がなされ、積極的な活動が連携して展開されることを切に期待するところであります。

　また、建設業の再生と進化を確かなものとするためには、経済界、労働界、マスコミ、有識者、学会、さらには国民の皆様、特に若い世代の方々のご理解とご協力がなくてはなりません。本ビジョンをご一読いただき、忌憚のないご意見と建設的なご提案をお寄せいただきたいと思います。

　私は、本ビジョンを出発点として、我が国の建設業が、「そこで働く全ての人々が誇りと希望を持ち、自身の生涯を託すに値する魅力ある産業に再生し、また、国民から信頼され、さらに頼りがいのある存在となるよう、たくましく進化すること」を目指して、多くの皆さんと共に、未来への第一歩を踏み出したいと考えております。

目　次

序説　　長期ビジョン策定に当たって……………………………… 1
　1．長期ビジョン策定の背景……………………………………… 3
　　⑴　我が国建設業の現状……………………………………… 3
　　⑵　長期ビジョンの策定……………………………………… 6

　2．長期ビジョン策定の趣旨……………………………………… 9
　　⑴　長期ビジョンの意図……………………………………… 9
　　⑵　計画期間と構成……………………………………………10

第Ⅰ部　2050年に向けて建設業は進化する ………………………11

第1章　2050年という時代の概観…………………………………13
　1．人口減少社会の姿………………………………………………13
　　⑴　総人口と生産年齢人口の減少……………………………13
　　⑵　人材獲得競争の激化………………………………………14
　　⑶　女性の本格参入……………………………………………14

　2．人口減少社会における建設市場の規模………………………15
　　⑴　建設市場の規模……………………………………………15
　　⑵　公共、民間別の建設投資…………………………………15

第2章　建設業の役割………………………………………………16
　1．建設業の使命……………………………………………………16

目 次

 (1) 21世紀の歴史を開く……………………………………16
 (2) 国民産業としての建設業………………………………17
 (3) ものづくり産業の復権…………………………………17
 (4) 防災・応災体制の保持…………………………………18
 (5) 技術革新の推進…………………………………………19

 2．これからの建設需要への対応………………………………19
 (1) 国土の強靭化……………………………………………20
 (2) インフラの老朽化………………………………………20
 (3) エネルギー、地球環境問題……………………………21
 (4) グローバリゼーションへの対応………………………21

 3．これからの国土づくり………………………………………22
 (1) 国土の防災・減災・応災対策の一体的推進…………22
 (2) インフラのライフサイクル管理の効率的・効果的な推進…23
 (3) 「再生型コンパクト＋ネットワーク」形成の促進 …………23
 (4) 将来の国土づくりのための課題………………………24
 (5) 持続的な国土づくり、地域づくりの推進……………24

第3章 建設業のあるべき姿………………………………………26
 1．担い手の確保、育成…………………………………………26
 (1) 絶えざる世代交代の必要性……………………………26
 (2) 女性の活用………………………………………………27

 2．生産性の向上…………………………………………………28
 (1) 生産性向上の要請………………………………………28

⑵　生産性向上の取組み……………………………………29
　⑶　公共工事市場への要請…………………………………29

　３．建設企業のあり方……………………………………………31
　　⑴　責任ある経営と社会との共生…………………………31
　　⑵　高付加価値、高機能な建設生産物・建設サービスの提供…31
　　⑶　適正利潤の確保…………………………………………32
　　⑷　節度ある市場行動………………………………………32
　　⑸　需要の創出………………………………………………33
　　⑹　事業領域の拡大…………………………………………34
　　⑺　海外展開の推進…………………………………………34
　　⑻　国づくり、地域づくりへの貢献………………………36

第Ⅱ部　2025年を目指して建設業は再生する　………………37

第１章　2025年度までの建設市場…………………………………39
　１．建設市場の見通し……………………………………………39
　　⑴　2025年度までの建設市場規模…………………………39
　　⑵　建設市場規模の予測の方法……………………………42
　　⑶　民間シンクタンクのGDP予測との対比　……………42
　　⑷　今後の建設市場に対する会員企業の意識……………44

　２．2025年までに期待されるベースプロジェクト……………46

第２章　2025年度までの世代交代の目標…………………………48
　１．2025年度に必要なマクロの技能労働者数…………………48

目　次

　　2．生産性向上による省人化……………………………49

　　3．大量の離職者の発生……………………………………52
　　　(1)　高年齢層の離職……………………………………52
　　　(2)　中堅層と若年層の動向……………………………54
　　　(3)　世代交代の必要性…………………………………56

　　4．新規入職者の確保………………………………………57
　　　(1)　新規入職者確保の目標……………………………57
　　　(2)　新規入職者確保の緊急性…………………………57

　第3章　担い手の確保、育成……………………………………61
　　1．担い手の確保の総合的推進……………………………61
　　　(1)　担い手の確保のための方策………………………61
　　　(2)　活発な求人活動……………………………………64

　　2．処遇改善の課題…………………………………………66
　　　(1)　処遇改善の難しさ…………………………………66
　　　(2)　他産業に負けない賃金水準………………………67
　　　(3)　社会保険加入促進…………………………………67
　　　(4)　建退共制度の適用促進……………………………68
　　　(5)　休日の拡大…………………………………………68
　　　(6)　雇用の安定（社員化）……………………………69
　　　(7)　重層下請構造の改善………………………………71

3．女性の活用……………………………………………………71
 (1) 女性技能者の活用のための方策（日建連の取組み）………71
 (2) 「もっと女性が活躍できる建設業行動計画」………………74
 (3) けんせつ小町委員会……………………………………75
 (4) 意識改革………………………………………………76

4．多様な人材の活用……………………………………………77
 (1) 高齢者の活用……………………………………………77
 (2) 若年層の離職防止………………………………………77
 (3) 外国人技能実習生など…………………………………77
 (4) 予備自衛官など…………………………………………79

5．技能労働者の育成……………………………………………80
 (1) 処遇向上とキャリアアップシステム…………………80
 (2) 技能者の教育・育成システム…………………………81
 (3) 技能・就労管理システム（仮称）の構築……………82

6．技術者の確保…………………………………………………84
 (1) 人材の確保………………………………………………84
 (2) 技術者制度の運用改善…………………………………85
 (3) 社員の処遇………………………………………………86
 (4) 女性社員の活躍推進……………………………………87

7．経営環境の将来展望…………………………………………88

目 次

第4章　たくましい建設業再生の道筋……………………………90
　1．建設生産システムの合理化……………………………………90
　　⑴　建設生産システムの合理化…………………………………91
　　⑵　設計や契約等における合理化………………………………93

　2．健全な市場競争の徹底…………………………………………94
　　⑴　コンプライアンスの徹底……………………………………94
　　⑵　ダンピングの防止……………………………………………94

　3．建設業への国民的理解の確立…………………………………95
　　⑴　建設業への信頼の確保………………………………………95
　　⑵　建設業の魅力の発信…………………………………………96
　　⑶　積極的な広報展開……………………………………………97

補説　日建連の今後の活動…………………………………………99

1．日建連の役割……………………………………………… 101
2．日建連支部の役割………………………………………… 102
3．各委員会における主要課題一覧………………………… 102

資　料………………………………………………………………… 105

長期ビジョン作成者名簿………………………………………… 155

序 説
長期ビジョン策定に当たって

1．長期ビジョン策定の背景

(1) 我が国建設業の現状

① デフレ経済のもとでの建設需要の減少

　　我が国の建設市場について最近20年余を振り返ると、先ず民間投資は、1992年度をピークにバブル経済の崩壊とともに減少局面に入り、1995年の阪神・淡路大震災後の1996年度は一時的に増加に転じたものの、デフレの進行に伴って長期にわたって一貫して減少傾向を辿ってきた。加えて2008年のリーマンショック後の急激な景気悪化と円高による国内産業の空洞化も相俟って、2010年度にはピーク時の半分以下の水準にまで減少した。

　　一方、公共投資は、1990年の日米構造協議を契機として、内需拡大とそのための公共投資の拡大を図るべく、1991年度から10年間で総額430兆円の公共投資基本計画が策定され、バブル経済崩壊後の1995年度からは13年間で630兆円の規模に見直された。1995年の阪神・淡路大震災の復旧・復興のための財政支出も重なり、1995年度が公共投資のピークとなった。2001年に発足した小泉内閣では、財政再建を掲げ、歳出削減の一環として、公共事業費の抑制政策が進められた（公共投資基本計画は2002年に廃止）。さらに2009年に誕生した民主党政権により「コンクリートから人へ」のスローガンのもとで公共事業費は大幅に削減され、民間投資と同様に2010年度にはピーク時の半分程度にまで減少した。

　　建設投資全体でみても1992年度の84兆円をピークに、2010年度には42兆円とピーク時から半分までに落ち込む結果となった。

序説　長期ビジョン策定に当たって

【図表1】　建設投資および就業者数の推移

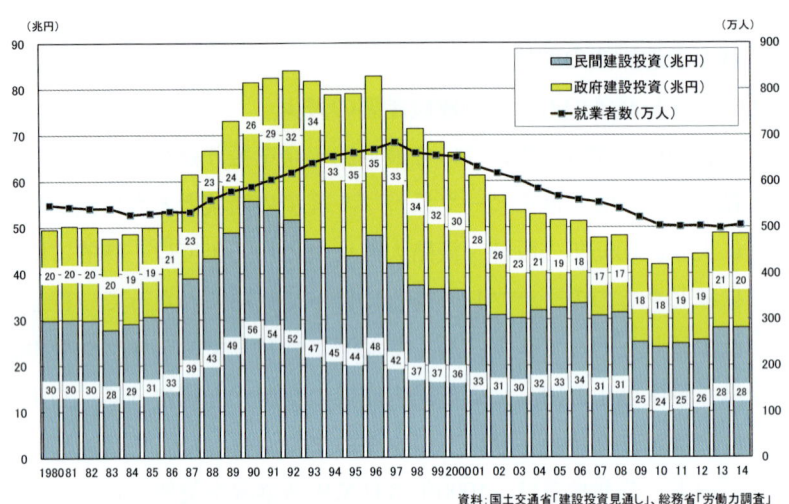

資料:国土交通省「建設投資見通し」、総務省「労働力調査」

② **デフレ経済がもたらしたもの**

　こうした20年近くに及ぶ建設市場の一貫した縮小局面のもとで、我が国の建設業は元請企業も下請企業もスリム化とリスク分散を強いられたことから、重層下請構造の深化、分業化により産業組織は複雑化し、元来の近代的とは言い難い産業体質をさらに一層悪化させ、企業体力の劣化、技能労働者の処遇の低下など様々な歪を招く結果となった。

　中でも最も深刻なのは、技能労働者の著しい高齢化である。建設業は、20年に及ぶ需要の減少局面で若者の採用を抑制し続けた結果、分厚い団塊世代が高齢化し、極端な高齢化を招いてしまった。当面は高齢者を含めた継続的な就業の確保、過去の離職者の復帰等を図ることで対処できるものの、間もなく団塊世代はいなくなり、100万人規模の大量離職時代がやって来る。

早急に女性を含めた多くの若者を建設業に招き入れ、世代交代を実現しなければ、10年を経ずして建設業の生産体制が破綻しかねない危機的な状態に至っている。

【図表２】　建設業就業者の高齢化の進行

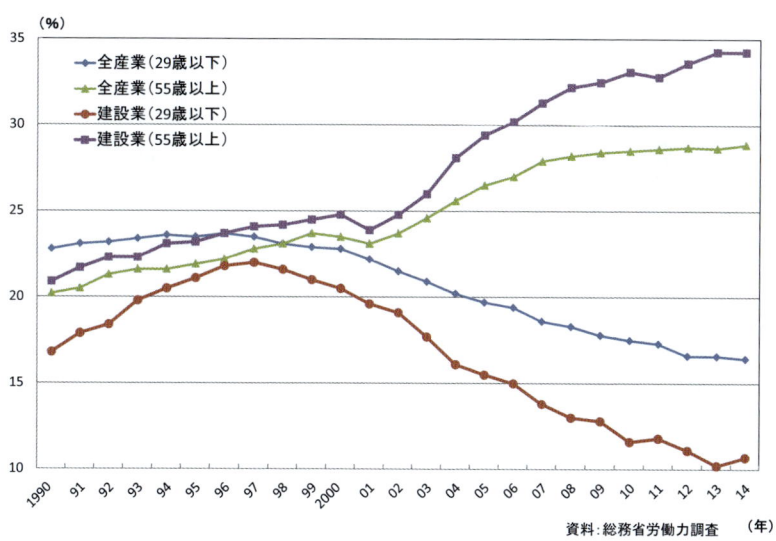

資料：総務省労働力調査

③　最近の建設市場の変化

　2012年度に入ると、東日本大震災の復旧・復興需要とともに、防災・減災対策、インフラの老朽化対策としての公共投資の増加に加え、病院、学校、住宅など非製造業を中心とした民間投資も増加に転じた。さらに2012年12月に発足した第２次安倍内閣による大胆な金融政策、機動的な財政出動に加えて、消費増税に伴う駆け込み需要、復旧・復興事業の本格化等により、2013年度には公共・民間投資ともに大幅な増加となった。

2014年度は、消費増税の駆け込み需要の反動はあったものの、公共・民間とも堅調な投資が見込まれており、その後も東京オリンピック・パラリンピック開催までの間は、現状の建設投資の水準は確保されるとの見方が支配的である。

　こうした急激な需要増に対して、技能労働者の需給が逼迫し、それまで低下を続けていた労務賃金の相場が上昇に転じるとともに、需要の増加により資機材の価格も上昇した。建設企業は、急激な需要の増加に伴う労務や資機材の急激な単価の上昇に対応できず、特に2012年度、2013年度には、受注リスクの顕在化を味わったところである。

　昨今は、市場価格の適切な反映を発注者に理解いただくための努力の積重ねにより、多年にわたり建設業に疲弊をもたらしてきた安値競争も収まる兆しを見せ、ようやく妥当な価格での受注が浸透しつつある。

(2)　長期ビジョンの策定
　① 建設業再生の決意
　　日建連では、こうした建設市場の変化を建設業の体質を抜本的に再構築し、将来にわたって国民の負託に応えられるたくましい産業へと再生するまさに天賦の機会であると受け止めている。

　　我が国の建設業を再生し、幾世代にもつながるたくましい産業とするために何よりも必要なのは、若者が喜んで入職する魅力ある産業となることであり、それには十分な処遇を用意することが重要であるが、そのためには建設業界の精一杯の努力はもとより、発注者の理解を得ることが欠かせない。

　　国土交通省は、2013年4月から公共工事設計労務単価の平均

15％強の引上げを実施した。さらに、太田国土交通大臣の強力なリーダーシップのもとで建設業の担い手確保のための諸施策を矢継ぎ早に講じている。また2014年の通常国会では品確法の抜本改正が全会一致で成立した。

　民間工事においても市況は改善しつつあり、建設企業がそれぞれ適正利潤を確保できる受注に徹すれば、技能労働者の処遇改善に必要な原資の確保は見込める状況になってきた。

　建設業は、この機を逃してはならない。旧来のビジネスモデルや生産方式の改革に臆することなくチャレンジしなければ、建設業に未来はない。建設業再生の決意を内外に示すため、本ビジョンを作成する。

② 建設業の再生と進化の道筋

　上記のように多年にわたるデフレ経済がもたらした建設業の諸々の矛盾を解消し、再生する好機が到来した。

　本ビジョンは、この時代の転換点にあたり、21世紀中ごろにおいて確実に到来する人口減少社会に向けた未来型の産業構造への進化のための道筋を提示するとともに、これを踏まえて、今後10年間における建設需要の見通しのもと、我が国建設業の再生のための道筋を提唱する。

序説　長期ビジョン策定に当たって

【参考1】

国による建設産業政策の最近の動向

　政府並びに国会は、我が国建設業の担い手の確保・育成に向けて、法制化をはじめとする環境整備を迅速に、かつ相当大胆に進め、具体的な取組みを率先して推進している。

① 　将来にわたる公共工事の適正な施工と建設業の担い手の確保・育成を目指して、特に、発注者・受注者双方の責務を法制化した「担い手3法」の成立（2014年5月、公共工事の品質確保の促進に関する法律、建設業法、公共工事入札契約適正化促進法を一体的に改正）は、建設業の新たな歴史を開く端緒となる。

② 　国土交通省の建設産業活性化会議において、行政、建設産業界、教育機関が一体となって中長期的な担い手の確保・育成に取り組む具体的施策を盛り込んだ「中間とりまとめ」を策定（2014年6月）し、実施主体や内容、時期を示した「工程表」を提示（2014年8月）した。

③ 　女性の更なる活躍促進に向けて、国土交通省と日建連を含む建設業5団体連名により「もっと女性が活躍できる建設業行動計画」を策定（2014年8月）した。

【参考２】

公共工事の品質確保の促進に関する法律（品確法）の主な改正点

　品確法の主な改正点は、品確法の目的と基本理念に、将来にわたる品質確保とその担い手の中長期的な育成・確保が追加されたこと、これを実現するための発注者責務の明確化と、多様な入札契約制度の導入・活用が規定されたことである。

　特に、「発注者責務」として以下の事項が明記された。
① 　担い手の中長期的な育成・確保のため
　・適正な利潤が確保できるよう、市場における労務、資材等の取引価格、施工の実態等を的確に反映した予定価格の適正な設定、不調・不落時の見積徴収
　・最低制限価格等の設定
　・計画的な発注、適切な工期設定、適切な設計変更
② 　発注者間の連携の推進

２．長期ビジョン策定の趣旨

(1) 長期ビジョンの意図

　本ビジョンは、前記のとおり建設業再生のまたとない機会において、そのための取組みの道筋を提示することを目的とするものであるが、これを提示する意図は次のとおりである。
① 　建設業の再生を図るとともに、これを将来にわたって保持し、未来型の産業に進化するため、多くの関係者が課題を共有し、様々

な取組みを連携して推進できるよう、広く我が国の建設業に携わる人々に呼びかける。
② 建設業界は、いかなる時代にあっても、我が国の国民が必要とする生活と産業の基盤を提供することを宣言するとともに、国民にとっても健全な建設業が欠かせないものであり、かつ、建設業は国民の支えなくしては立ち行かない「国民産業」であることを国民各層に呼びかける。
③ 建設業が、新たな価値を生み出すものづくり産業として、地方・国・世界の発展に貢献できるよう、共に力を発揮していくことを、そして、これから国を支える若者が生涯をかけるに相応しい社会活動であることを、日本を愛する若者に呼びかける。

(2) 計画期間と構成
① 本ビジョンは「序説」、「第Ⅰ部」、「第Ⅱ部」、「補説」で構成する。
② 第Ⅰ部は、現在から2050年までの超長期のスパンに立って建設業の役割とあるべき姿を提示する。これから建設業に参加し、建設業に生涯を託す若者が活躍する大半の期間を見据えて、2050年までを計画期間とする。
③ 第Ⅱ部は、第Ⅰ部で示された、超長期の未来型の産業としての建設業の役割とあるべき姿を踏まえ、当面の最大の課題である担い手の世代交代を中心に、2025年までにたくましい建設業を再生するための道筋を提示する。
④ 本ビジョンの対象は、日建連会員企業に限定せず、我が国の建設業全般を対象とする。ただし、海外展開に関する事項および地方業界、専門工事業界などに固有の事項は詳述しない。

第Ⅰ部
2050年に向けて建設業は進化する

第1章　2050年という時代の概観……………13
第2章　建設業の役割…………………………16
第3章　建設業のあるべき姿…………………26

2050年というような遠い将来を予測することは困難であるが、今から建設業に参加する若者たちが21世紀の中ごろまで建設業で活躍し、充実した人生を全うすることは、現在建設業に身を置く我々の願いである。

　そこで第Ⅰ部では、このような願いを込めて、日建連とその会員企業の構成員が遠い将来に期待し、あるいは恐れる事象を整理し、将来へのよすがとする。

　なお、当然のことながら、過去に経験したような急激なインフレやバブル経済、さらに国際紛争、国内動乱、自由経済の破綻などの異常事態は生じないことを前提とするが、こうした万一の事態に遭遇したとしても、建設業の方向性や建設業が再生、進化するための道筋の根幹は変わらないと考える。

第1章　2050年という時代の概観

1．人口減少社会の姿

　2050年の姿について、本ビジョン独自の統計的な予測は行わない。一般的に想定されていることを前提とし、我々の問題意識として以下の3点を本ビジョンの出発点とする。

(1)　総人口と生産年齢人口の減少

　我が国の総人口は、2050年に向かって減少する。これにつれて、生産年齢人口が総人口よりもかなり早いペースで減少する。また、高齢化は、2000年代中ごろまでが最も厳しい時代となる。

第Ⅰ部　2050年に向けて建設業は進化する

【図表Ⅰ-1】　総人口と生産年齢人口の減少

(万人)

	2011年	2050年	対2011年比	2060年	対2011年比
総人口	12,700	9,700	-23.6%	8,700	-32.5%
生産年齢人口	8,100	5,000	-38.3%	4,400	-45.7%
高齢化率	23.3%	38.8%		39.9%	

資料：国立社会保障・人口問題研究所の中位予測

(2) 人材獲得競争の激化

　総人口の減少は国内需要を減少させることから、国際貿易への依存度を高めないかぎり多くの産業分野で生産高は減少するが、総人口を上回るペースで生産年齢人口が減少するので、製造業等の生産拠点の海外移転が進むとしても、国内産業間の人材獲得競争は今以上に激化する。同時に、労働市場が厳しく産業を選別する時代となる。

　なお、総人口が上記の国立社会保障・人口問題研究所の中位予測（2050年：9,700万人）よりも多少増減することは考えられるが、人材獲得競争の激しさの数値予測はしないので、その影響も考慮しない。

(3) 女性の本格参入

　21世紀中ごろまでの就業者の構成の最大の変化は、産業界に女性が本格参入することである。

　建設業における技術者や技能者についても、女性が中核的な存在として産業と企業を支える時代になることを前提に、それに適合する組織体制と生産方式を整えることが不可避となる。

2．人口減少社会における建設市場の規模

(1) 建設市場の規模

　建設市場の規模は、一時的な変動はあっても、GDPに比例し、人口減少下でも長期的には横ばい、ないし微増のトレンドで推移する。ただし、建設需要の内容は、リニューアルの増加など質的変化が進行するものと考える。

※実質GDP：510兆円（2011年）　→　553兆円（2050年）
　「人口回復」（日本経済新聞出版社）より日建連にて円換算に試算、人口減少（2050年：9,700万人）ケース

　建設市場の規模は、基本的にはGDPに比例して推移するが、国内の建設事業のニーズには、世界で最も過酷な災害列島の強靭化や、国民が満足しているとは思えない住環境の整備など、対応を要するものが山積している。

(2) 公共、民間別の建設投資

　先ず公共部門の建設投資については、国の財政難が続く以上多くは望めないが、防災・減災対策をはじめ、未だやり残した課題が多いことから、長期的には実質横ばいと想定する。
　民間部門の建設投資については、基本的には我が国経済の行く末にかかっている。しかし、経済全体の中での投資比率には妥当な水準があってしかるべきであって、20年に及ぶデフレ経済下での投資抑制基調が今後とも定着するわけではなく、景気の変動による影響はあっても、長期的には実質横ばいないしやや増加と想定する。

第2章 建設業の役割

　建設活動は、水を治め、道を拓き、住まいを造り、まちを整備し、有史以来、営々と続いてきた人々の暮らしと切り離すことのできない営みである。

　その担い手である建設業の役割は、国民が必要とする住宅・社会資本や産業基盤をしっかりと造り、適切に維持修繕・更新を行うことである。また、建設事業を通じて、国民の安全・安心を支えるとともに、国や地域の経済・産業・雇用の活性化に貢献していくことも重要であり、これら建設業の本質的な役割は、どのような時代環境においても変わるものではない。

　一方、その時代背景や経済社会の姿、技術の進歩に応じて、建設生産物に求められる機能、建設業に期待されるサービス・事業領域、造り方や生産体制等は絶えず変化する。こうした変化に適応していくことも建設業の役割であり、責務である。

1．建設業の使命

(1) 21世紀の歴史を開く

　建設活動は、その時代の文明を支え、文化をつくり、人類とともに歴史を歩んできた。21世紀においても、我が国建設業は、より高度な文明と、より豊かな文化のクリエーターとして、国民とともに、新しい歴史を開き、後世に引き継ぐ。

　建設業は、国土交通省が策定した「国土のグランドデザイン2050」をはじめとする将来の国づくり、地域づくりのビジョンを参考にして、発展を続ける我が国社会のあらゆるニーズにしっかりと

応えるとともに、国づくり、地域づくりの担い手として、その方向性や絵姿を積極的に提案していく。

そのため建設業は、単体としての建造物とこれらの集合体の機能的／社会的／経済的／文化的価値を高めるハード・ソフトの技術を絶えず開発、蓄積し、提供する。

(2) 国民産業としての建設業

今後いかなる時代環境にあっても、建設業は国民が必要とする生活と産業の基盤となる施設を提供するとともに、適切な維持修繕・更新を担う産業であり、国民にとって不可欠な産業である。

加えて、建設生産物は輸入が困難であることから、建設業は身勝手に衰退することが許されない産業であり、国民としても自らの手で支えざるを得ない産業である。

そのため建設業は、提供するものや造り方を絶えず革新し、進化させ、多様化・高度化する国民の期待により高いレベルで応えていく責務があり、かつ、生産性の向上とコスト管理を徹底し、より良い建設生産物を適切な価格で提供する責任がある。

このことは建設業に携わる者が強く自覚するとともに、国民にはっきり理解していただかなければならない。

日本の建設業は日本人が担わざるを得ないことを踏まえ、国民には、建設業への支援、とりわけ建設業に意欲的な人材を送り込むことを期待したい。

(3) ものづくり産業の復権

一方、高度に成熟した産業社会においても、付加価値を生み出すエンジンは結局「ものづくり産業」であることについて国民の理解

を浸透させ、「ものづくり産業」の復権を図ることも建設業の悲願である。

建設業は、本格的な人口減少社会の中で、国民経済・地域経済に付加価値を生み出す「ものづくり産業」として、国や地域のつくり手、守り手、担い手として、的確に対応できる事業体制を保持するとともに、国民の信頼を高めるに足る良好なパフォーマンスに徹しなければならない。

(4) 防災・応災体制の保持

建設業の国民に対する最も重要な使命は、災害列島に住む国民を守ることである。

そのための責務の一つは、防災・減災対策など国土の強靱化のための施設整備であり、災害列島の宿命の克服に向けて、たゆむことなく取り組んでいく。

もう一つの責務は、「応災」であり、災害発生時の被災者支援から、応急復旧、本格復旧、復興など一連の災害対応に建設業が一貫して取り組むことである。我が国の建設業にとって応災力を高めるのは基本的な責務である。

東日本大震災は建設業にも重大な教訓を残した。被災直後の被災者への生活物資の提供などの民生支援や、災害廃棄物の処理、果ては放射能の除染まで、建設業の本来の営業外の業務を建設業が支えざるを得ないことがはっきりした。こうした後世に形の残らない仕事についても、建設業が担うことへの制度面の整備を求めつつ、応災事業の一環として責任を持って取り組むことを決意する。

今日、多くの自然災害の発生が予測されているが、中でも首都直下地震や、南海トラフ地震の被害想定は凄まじいものであり、こう

した万が一の超大規模災害発生時の復興は国の命運を左右する。これに立ち向かうのも建設業の役割であるが、そのための体制を常時保持するのは無理である。復興に向けた国を挙げての体制づくりの基本方針を早急に策定すべきであるが、建設業としても、例えば10年間程度の臨時の体制づくりが可能か、他の建設事業をしばらく棚上げできるか等、対応のあり方を予め検討しておくことが大切である。

(5) 技術革新の推進

2050年には、ICTの劇的な進歩、世界に先駆けたロボット革命が実現する。

技術革新の成果を取り入れた生産性と品質・安全の向上、新たな価値の創出が、建設業の成長にとっても重要なファクターになる。建設業は、技術革新により、優れた建設技術を低コスト化し、これを内外に広く普及させることで、よりよい建設生産物を適切な価格で提供する。

注　ICT【Information & Communication Technology】　情報通信技術。

2．これからの建設需要への対応

2050年というような超長期の建設需要のありようを予測するのは困難であるが、建設生産物は規模が大きく、また多種多様な技術が集積・組み合わされていることから、建設の世界を根底から変えるようなイノベーションが登場するとは考えにくい。そこで、現在からの延長を含め、今後かなりの長期にわたって建設業が向かい合うと思われる主要な事項を整理する。

第Ⅰ部　2050年に向けて建設業は進化する

(1) 国土の強靭化

　　首都直下地震、南海トラフ地震の30年以内発生確率は70％と予測されている[注]。また、気候変動により自然災害が狂暴化しており、災害列島の管理のあり方を含め、2050年に向けた国土の強靭化への展望と体制整備、ロードマップの作成が必要である。

　　これは政府が中心となって検討されるべき課題であるが、建設業には、建物の耐震化や津波対策などの防災・減災対策だけでなく、被災時の民生支援に始まり、本格復興まで一貫して災害に立ち向かう「応災」力が求められる。国土強靭化に向けて建設業に何が求められるか、そのための体制をどのように整えるか、どこまでなら対応が可能か、政府に協力を求めるのは何か、など建設業界としても常に真剣に検討していく。

　　（注）文部科学省地震調査研究推進本部による

(2) インフラの老朽化

　　今日、高度成長期以降に集中整備したインフラが一斉に老朽化し、その管理や更新が重要な時代に突入した。また、公共インフラだけでなく学校・病院等の公益施設や、マンション・住宅団地、産業施設などのストックについても更新の必要性が増大するので、建設生産物の老朽化対策にとどまらず、「ライフサイクル管理」の視点が重要となる。

　　建設業は、インフラのモニタリング・補修・長寿命化技術、さらには「スマートインフラ」実現に向けた技術開発に取り組むとともに、公共施設のアセットマネジメント業務に事業参画し、効率的・効果的なインフラのライフサイクル管理に寄与する。

　　地域を支えるインフラのライフサイクル管理の担い手として、地

域建設業の役割が拡大する。

注　アセットマネジメント【Asset Management】　資産管理の方法。

(3)　エネルギー、地球環境問題
　① 「S（安全確保）＋3E（安定供給、経済性、環境適応)」のためエネルギーミックスが進み、エネルギー供給構造が変化するとともに、多くの産業や家庭からの電力事業への参画が拡大するので、これらの事業に関するハード・ソフトのサービスを充実させる。
　② 原子力発電所の廃炉措置や、高レベル放射性廃棄物の最終処分への対応などのバックエンド領域が、諸外国にも増して重要となるのでこれらの高度な技術開発を進める。
　③ 地球温暖化の進行が自然災害の狂暴化、水・食糧不足を加速する。そのため、建造物などのCO_2対策・省エネ対策や、建設生産プロセスのCO_2対策を世界標準として確立する。
　④ 海洋エネルギー資源の開発・利用の本格化に伴い、これらの事業での主導的役割を果たす。

(4)　グローバリゼーションへの対応
　① 都市間の経済競争の一層の激化が予測されるので、大都市の国際競争力強化のためのインフラ整備は引き続き重要である。
　　また、訪日外国人（旅行、ビジネス）の増加等が見込まれるので、そのためのネットワーク整備をはじめ、外国人仕様などのきめ細かな施設整備を行う。
　② アジア広域経済圏の形成に伴い、アジア建設市場がさらに成長し、国内とアジアの建設市場のボーダレス化が進行する。また、

アフリカ開発が本格化するなど、我が国建設業の活躍の舞台は、ますますグローバル化していくことから、地球上のあらゆる国や地域で、建設プロジェクトを通じた国際貢献の役割をしっかりと果たしていく。

③　人材、技術、資機材等の国境を越えた交流や調達が当り前の時代になるので、世界最適の観点から、国内外の建設プロジェクトに取り組む。また、当該国において、資機材・労務等の調達や技術・ノウハウの移転を行い、経済・産業の発展や人材育成に貢献する。

3．これからの国土づくり

今日、本格的な人口減少社会が到来する21世紀中ごろに向けて様々な分野でビジョンや提言、問題提起がなされており、国土づくりに関しては、先般、国土交通省が「国土のグランドデザイン2050」を発表した。

建設業は、国土づくりの担い手として、新たな国土づくりを考え、行動する役割を果たさねばならない。また、財政の制約や自治体の公的資産管理業務の負担増加等から、行政と民間の役割のボーダレス化がさらに進むものと予想される。

そこで、新たな国土づくりに関し、今後の取組みの方向性について、国民や行政に以下のように提案する。

(1) **国土の防災・減災・応災対策の一体的推進**

国土づくりの最優先の課題は、国民の命と暮らしを守り、経済活動への致命的な打撃を回避するため、ハード・ソフトを組み合わせた「防災・減災・応災」対策を一体的に推進することである。その

ためには、次の諸点がポイントとなる。
① 被災時行動計画の策定と訓練、発災時の応急活動等、平時の備えをしっかりと行える体制（国、自治体、地域住民、建設業等）の整備
② 国の命運を左右するような超大規模災害が発生した場合を想定した「クライシスマネジメント」の確立
③ 防災・減災・応災対策の重要性の発信と国民的コンセンサスづくり

など

(2) インフラのライフサイクル管理の効率的・効果的な推進

ライフサイクルの視点に立ったインフラの老朽化対策・長寿命化対策や、施設の整備・運営・管理を官民連携により効率的・効果的に推進することが求められる。
① 施設の診断・長寿命化技術、さらには「スマートインフラ」実現に向けた民間技術開発の思い切った促進（補助金、総合評価の加点等）
② 公共施設のアセットマネジメント業務の民間への発注の促進（広域化・包括化、契約期間の長期化等）

など

(3) 「再生型コンパクト＋ネットワーク」形成の促進

「国土のグランドデザイン2050」が提唱したコンパクト＋ネットワークにより「新しい集積」（コンパクトシティ）を形成するに当たっては、産官学プラットフォームの整備や国の支援体制の拡充、各種制度の弾力的運用等を図るとともに、在来地方中核都市の再生と運

営をどのように進めていくかがポイントとなる。

(4) 将来の国土づくりのための課題

　今後長期にわたって予想される財政制約下で、国土づくりを推進するに当たっては、事業資金を確保するための仕組づくりが必要である。そのため、次のような取組みが求められる。
① 長期国土整備計画（仮称）の策定と財源の確保
② インフラの整備・運営への民間の資金・技術・ノウハウの活用拡大、特に魅力ある（採算性が期待できる）PPP／PFIの組成
③ 新しい公共ファイナンスの導入（インフラファンドの活用、海外の事例を参考にした多様なファイナンススキームの導入等）

など

注　PPP／PFI
　　【Public Private Partnership／Private Finance Initiative】
　　　いずれも公共事業の実施において、広く民間の経営手法やノウハウを取り込むための事業方式。

(5) 持続的な国土づくり、地域づくりの推進

　持続的に国土・地域づくりを推進していくには、継続的な担い手の確保・育成と大手・中堅・中小建設業や、専門工事業がそれぞれの規模、特性を生かしたインフラ整備・運営の合理的な役割分担が求められ、各主体への適切な活躍の場の提供が大切である。

　また、国土づくり、地域づくりに資するICTの活用、機械化／ロボット化等を通じた生産性の向上も重要であり、そのための民間技術開発へのインセンティブの付与が望まれる。

　また、生産性向上技術の活用促進に向けて、関連の制度や基準、標準等の実情に即した改善などが望まれる。

【参考3】

新たな国土づくり

　国土交通省では、インフラの老朽化対策、防災・減災対策を柱とする国土強靱化対策や、人口減少・高齢化社会に向けた新たな国土づくりの指針として次のものを定めている。

① インフラの戦略的な維持管理・更新等を推進するための国全体の方針として「インフラ長寿命化基本計画」を国土交通省はじめとする関係省庁で策定（2013年11月）した。

② 南海トラフ地震や首都直下地震など大規模災害に備えた、防災や国土形成、社会資本整備など国土強靱化に関係する様々な計画の指針として「国土強靱化基本計画」を閣議決定（2014年6月）した。

③ 国土交通省では、本格的な人口減少社会の到来、巨大災害の切迫等の課題に対し、2050年を見据え、国土づくりの理念・考え方を示した「国土のグランドデザイン2050」を策定（2014年7月）した。

第3章 建設業のあるべき姿

　今後の人口減少社会においては就業人口、特に若年者の新規入職が減少する。その中で建設業が第2章で示した役割を的確に果たし得る産業であり続けるための根本的な要請は、次の2点である。
① 　常に若者の入職を確保して、絶えず技能労働者の世代交代を続けること
② 　常に生産性の向上を進め、絶えず良好な生産体制を維持すること
　本章では、2050年に上記①、②の要請が達成されるための「建設業のあるべき姿」を提示する。

1．担い手の確保、育成

(1) 　絶えざる世代交代の必要性

　　建設業の主役は、言うまでもなく建設生産を支える技術者と技能者である。
　　今日、その中でも生産現場を支える技能労働者が、賃金を初めとする処遇の悪化から、特に若者の入職が著しく減少し、極端に高齢化している。この現状は、建設業の根幹を揺るがす、本質的な危機であり、建設業の体質そのものの抜本的な再構築が迫られている。
　　技能労働者の大量離職時代を迎える今後10年間が最大のピンチであり、そのための取組みについては第2部に述べるが、今後21世紀の人口減少社会では就業人口、特に若年者の新規入職の減少が続くことから、常に若者を確保し、世代交代を続けることは、時代の進展とともに一層その重要性が高まっていく。就業者の絶えざる世代交代、まさに「若返り」が建設業の永遠の課題となることを強く認

識する必要がある。

(2) 女性の活用

　建設技能労働者の世代交代に取り組む上で決定的に重要なのは、女性の活用である。

　当面10年間で技能労働者の世代交代を実現するためには、女性技能者を大幅に増加させることが不可欠であり、そのための具体的な取組みは第２部で述べるが、女性の積極的な活用は、当面の世代交代の対策で済む問題ではない。

　21世紀は、女性が社会のあらゆる分野で中核的な役割を果たし、産業界を支える時代である。建設現場でも女性の職長は当たり前で、女性だけの施工チームも珍しくなくなる。

　とかく男社会の意識と実態が根強い、後進性が強いとも言える建設業が女性を有効に活用し、女性が活躍できる条件を整備するのは、他産業以上に難儀であるが、先ず環境整備を進め、早期に女性が活躍できる諸条件を整える。そしてその後は他産業との女性獲得競争に互角以上の成果を挙げつつ、女性の活躍によって建設業が国民に貢献しなければならない。

【参考４】

外国人労働者問題

　建設業における外国人労働者については、現在、技能実習制度と臨時措置としての外国人建設就労者受入事業（特定活動）があるが、いずれも期間限定の雇用であり、一時的な労働者不足対策として一定の役割は果たし得るものの、基幹労働力としての世代交代にはつ

> ながらない。
> 　外国人を基幹労働者として活用するには日本への永住が必要であるが、これは移民政策に関わる問題であり、日本社会に計り知れない影響を及ぼす事柄であって、一建設業の立場で論ずる問題ではない。

2．生産性の向上

　生産性の向上は、将来にわたり力強い生産体制を維持するための最も根本的な要請であるが、それには技術革新や生産工程の改善とともに、重層下請構造の改善と合理的な分業システムの形成、多能工化など生産体制全体の合理化に持続的に取り組むことが必要である。

(1) 生産性向上の要請

　建設業は現在、技能労働者の処遇改善をはじめとして、将来の担い手の確保・育成に向けた取組みを業界挙げて推進しているが、賃金や社会保険加入等の労働条件の改善は生産コストの増加を伴うものである。それらの原資は建設生産物の価格に転嫁することになるが、コストの増加をおさえ、より良い建設生産物を適切な価格で提供できるようにしていくためには、生産性を向上していかなければならない。

　同時に生産性の向上は、生産年齢人口が減少する中で、省人化を図り建設需要にしっかりと応えることのできる生産体制を維持するための最重要の課題である。

(2) 生産性向上の取組み

　建設企業は、先端技術を活用して、工法の開発・改善や生産プロセスの効率化を推進するなど、自らの生産性向上に最大限の努力を続けていく。加えて、建設業の生産組織は、元請企業を中心に多くの下請企業が重層的に存在することによって形成されており、個々の企業の生産性向上努力だけでは限界があることから、産業組織全体の生産性の向上、合理化に向けて、元請企業、下請企業等が一致協力して努力していくことが必要である。

(3) 公共工事市場への要請

　建設市場の約４割を占める公共工事における発注、契約システムのあり方は建設業の生産性に大きな影響を及ぼすものであり、発注側の政府が一方的に入札システムや契約条件を設定する以上、建設業の生産性の向上への配慮が求められる。

　2014年に成立した改正品確法は、今日の建設業の状況に十分配慮された画期的な成果であるが、将来にわたって公共事業に求められる中立・公正性との調和を図りつつ、絶えず進化する建設技術の動向を見据えて技術開発や生産性向上努力の促進に意を用いることが求められる。

　また、予算単年度主義が続く限り、発注と施工時期の平準化には常に配慮が求められる。

【参考5】

労働生産性低下の問題

　これまでも現場レベルでの省人化や工期短縮は着実に進展してきたにもかかわらず、マクロ指標である労働生産性で見ると、逆に長期にわたり停滞ないし低下傾向が続いている。

　これは、労働時間あたりの実質粗付加価値額というマクロ指標である労働生産性で見る限り、建設投資額の減少率が就業者数の減少率を上回っていたことの結果であり、工事単価の下落が最大の原因といえる。建設企業は売上の減少下で、生産性向上の必死の努力と、労働者の賃金の引き下げと、リストラでコストを削減し、さらに内部留保の放出で企業経営を維持してきたということである。

　今後は、技能労働者の世代交代を進めるためのコストや女性が活躍できる条件を整備するためのコストを賄い、企業体質を強化し、かつ、よりよい建設生産物を適切な価格で提供するための、より積極的な意味での生産性の向上に取り組まなければならない。

　労働生産性については、現場ごとに異なる非反復型の生産方式であることや重層下請構造などの建設業の産業特性が生産性向上の阻害要因になっており、また、建設業に雇用対策的役割が期待されてきたこと、地元優先発注や官公需法のような政策的な要請もあり、非常に厄介な命題であるが、より良い建設生産物を適切な価格で提供するための、長期にわたる建設業の重要な課題である。

3．建設企業のあり方

　建設業の再生と進化には、個々の建設企業が、健全な事業活動を通じて、社会に貢献し、適正な利潤をあげ、持続的な成長を遂げることが基本である。

　また、建設業は、いかなる国においても国民が必要とする生活と産業の基盤を提供し、諸国民に希望を抱かせるものであり、交通ネットワーク等のインフラ整備は、人と人、国と国をつなぐ、真に「平和のプロジェクト」である。

　我が国の建設企業は、国民の負託に応えることはもとより、その卓越した技術を持って「平和産業」として世界の発展に貢献する。

(1) 責任ある経営と社会との共生

　建設企業は、誠実な企業行動（コンプライアンスの徹底、適正な価格・工期・契約条件による競争等）、顧客や社会に満足いただけるものづくり、安全最優先の事業活動、公正な情報開示とステークホルダーとのコミュニケーション、経営資源を活かした社会貢献、事業を通じた社会的課題の解決など、社会の一員としての責任をしっかりと果たすことが不可欠である。

　　注　ステークホルダー【Stakeholders】
　　　　企業の経営活動の存続や発展に対して、利害関係を有するもの。消費者（顧客）、従業員、株主、取引先、地域社会、行政機関など、企業を取り巻くあらゆる利害関係者をさす。

(2) 高付加価値、高機能な建設生産物・建設サービスの提供

　建設生産物や建設サービスに求められるニーズは、21世紀中ごろに向けて、ますます高度化・多様化・複雑化し、また経済社会の変

化に伴い、新たなニーズの発生も予想される。

　建設企業にとって、高品質の建造物を適切な価格で提供することが事業活動の基本であるが、建設業に対する社会の期待に応え、企業として持続的な成長を遂げるためには、絶えず技術開発・商品開発に積極的に取り組むことはもちろん、技術提案力の向上に力を注ぎ、高付加価値、高機能の建設生産物・建設サービスを提供していくことが重要である。

(3) 適正利潤の確保

　利潤は、株主への責任を果たし、雇用を守り、企業が存続し、社会に貢献していくための絶対条件である。担い手の適切な処遇、下請企業を含めた生産体制の整備、生産性の向上、技術開発、新市場の開拓、事業領域の拡大など、事業を継続し、また未来への発展・進化のための源泉でもある。

　そのため建設企業は、自らの存続を危うくするような安値競争を断固排除することはもちろん、絶えず生産性の向上と合理化を追求するとともに、より良い建設生産物を適正な利潤を前提とした適切な価格で提供できる事業活動を推進する。

(4) 節度ある市場行動

　20年に及ぶデフレ経済の中で建設企業が疲弊し、技能労働者の処遇を悪化させたのは、我が国建設業の過剰供給構造と、その結果としての過当競争体質である。

　幸い、目下のところ需要の増加と賃金や資材価格の上昇から、採算度外視の無茶な受注は減少している。また、公共工事については改正品確法により過当競争にある程度の歯止めが設けられたが、結

局は、今後長期にわたって、建設企業が無闇に拡大路線を取ることなく、需要の停滞、減少局面においても節度ある市場行動を保てるかどうかにかかっている。

(5) 需要の創出

　建設業は代表的な受注産業であり、基本的には自ら需要を創出することができない、需要に対して受身の産業である。このため、建設企業の経営は、景気の動向や政府等の政策の如何に依存し、経営努力が勢い価格競争に向かう企業体質をもたらしている。

　それを建設業の宿命と片付けるのはたやすいが、建設業の進化の一つの方向性として、自ら建設需要を創出する取組みも重要な視点であり、その一例として、次のようなことが考えられる。

① 社会資本整備は、国や地方公共団体が計画し、実施することで住民や産業に便益をもたらすものであるが、建設企業は、日頃から住民や産業に接し、社会資本へのニーズ、整備効果や整備手法を熟知しており、具体的なプロジェクトを提案し、コンセンサスづくりに参加することができる。さらに社会資本のストック効果をより発揮するための提案、長寿命化技術や施設運営の効率化技術等を織り込んだ提案を行うこともできる。

　また、地方建設業は、地域づくりの中心の役割を担うことができる。

② 都市再開発等の初期構想の段階から、事業コンセプトの提案、事業主体の組織化、関連企業の調整などのサービスを提供し、場合によっては自ら事業主体に参画して、建設プロジェクトの実現を推進する。

③ 建築分野においては、ZEB（ネット・ゼロ・エネルギー・ビ

ル）やZEH（ネット・ゼロ・エネルギー・ハウス）等の商品開発、病院経営等のノウハウを織り込んだ提案、あるいは顧客が事業活動を継続しながらリニューアルできる工法の提案などにより、顧客のメリットを顕在化させ、投資意欲を喚起する。

(6) 事業領域の拡大

在来の国内建設市場に成長余力が乏しい中、建設企業が持続的成長を図るには、建設市場・周辺市場における事業領域を拡大し、収益源を多角化するのが有力な選択肢である。

① 事業領域拡大の方向性としては、
　ア．建設事業の流れ（企画、計画、設計、調達、施工、維持・更新、運営・管理）の中での川上・川下領域
　イ．上記各ステップのソフト・エンジニアリング領域
　ウ．PPP/PFI等の公的施設の整備・運営領域
　エ．環境、エネルギー、農業等における制度改革による新領域
　等が考えられる。
② 事業領域の拡大に当たっては、適正な利潤が確保できるよう、ビジネススキームの組成、人材の育成、組織体制の整備等に戦略的に取り組む。

(7) 海外展開の推進

我が国建設企業の海外展開は、1970〜80年代に大手企業を中心に急速に拡大したが、大型損失工事が相次ぐなど、少なからず経営面での失敗を繰り返してきた。これは、建設企業の海外展開が、主として国内市場の補完として位置付けられ、国内の事業量の減少期には海外事業を拡大し、回復期に入ると縮小するというパターンを

繰り返してきたため、国際建設市場に内在する様々なリスクに対応するための本格的な取組みが持続的になされなかったことが、最大の原因である。

近年、海外展開を志向する建設企業は、海外事業を国内の市場動向に影響されないコア事業の一つとして明確に位置付けるとともに、過去の失敗と真剣に向き合う中で、リスクマネジメントの強化、事業戦略の策定、人材の育成、新たなビジネススキームの確立、現地法人化など組織体制の強化、再構築により、海外事業で確実に収益をあげることができる体制の整備に取り組んでいる。

① 我が国建設企業は、世界に誇る技術力・ノウハウを有しており、しっかりとした事業体制のもとで、海外展開を促進し、事業収益を拡大するとともに、国内と同様に、世界各地で高品質な建造物・建設サービスを提供することによって、世界市場でのブランド力を高め、内外の企業や現地社会の発展に寄与する。

② 世界最先端の知見を用いて、鉄道、道路、都市開発、上下水道等のインフラ・システムを海外展開することによって、世界各国・地域の発展と諸課題の解決に貢献する。インフラ・システムの輸出は、相手国政府への働きかけが不可欠であると同時に、競合国同士の政府間競争でもあり、官民が連携を強固にし、「チーム・ジャパン」の総合力を高めることがとりわけ重要である。また、自然災害を克服してきた経験・技術を世界の財産として活かしていくことは、自然災害多発国、そして自然災害克服先進国に生きる我が国建設企業として、国際社会に対する重要な使命でもある。

③ 建設企業の海外展開に当たっては、相手国による契約不履行など、固有のリスクをヘッジしていくことが必要であり、我が国の貿易保険や公的金融等の支援措置の拡充、人材育成、情報の収集・

共有などに加え、政府の積極的な関与が求められ、これらの事業環境の整備に、(一社)海外建設協会がリーダーシップを発揮することを期待する。

⑻ 国づくり、地域づくりへの貢献

建設企業は、あらゆる施設整備に関する知識と経験が豊富であり、国づくり、地域づくりに関する優れた企画、提案力を有している。建設企業は、その特質を生かして、国づくり、地域づくりに積極的に参画し、リーダーシップを発揮していく。

特に地域建設業は、地方創生の取組みに参加するだけでなく、ハード・ソフトにわたる総合的な企画、提案を行い、地域づくりの信頼されるリーダーとなる。

第Ⅱ部
2025年を目指して建設業は再生する

第1章　2025年度までの建設市場……………39

第2章　2025年度までの世代交代の目標……48

第3章　担い手の確保、育成………………61

第4章　たくましい建設業再生の道筋………90

我が国の建設業が、第Ⅰ部で示した進化の道筋を進むために、第Ⅱ部では、今後10年間を対象に、建設市場の規模を推計した上で、担い手の確保、育成を中心に、建設生産システムの合理化や、健全な市場競争の徹底、および建設業への国民的理解の確立について、建設業再生の道筋を提示する。

第1章　2025年度までの建設市場

1．建設市場の見通し

(1)　2025年度までの建設市場規模

　本ビジョンでは、建設市場全体の規模について、国土交通省が発表している建設投資に民間建築分野の維持修繕分を加えて推計を行った。これは、今後インフラ、建築物を問わず維持修繕に関する需要が拡大し、ますます重要になることを勘案したものである。したがって、「建設市場」は一般に使われることが多い「建設投資」よりも幅広い概念である。なお、以下の実質値は2005年度を100として推計したものである。

　　① 2020年度で　54.4兆円　〜　57.6兆円（名目値）
　　　　　　　　　47.9兆円　〜　49.4兆円（実質値）

　2020年度までは、非製造業を中心とした民間投資が堅調で、公共投資も安定した運営を見込んでいる。東京オリンピック・パラリンピック関連の施設整備費の規模は大きなものではない。

　　② 2025年度で　54.9兆円　〜　62.1兆円（名目値）
　　　　　　　　　46.8兆円　〜　50.0兆円（実質値）

2020年度以降については、アベノミクスによる経済対策の成果によるところが大きい。好循環の経済が本格化すれば、民間投資が増加基調になることも期待される。

なお、この推計には原発関連の除染や廃炉に関する事業費は折り込んでいないので、実際の建設業の市場規模はこれよりもやや大きくなると想定される。

【図表Ⅱ－1】建設市場規模の予測

◎実質値は2005年度＝100（兆円）

		2014年度	2020年度 ケースA	2020年度 ケースB	2025年度 ケースA	2025年度 ケースB
名目値	建設投資額	47.1	49.4	46.8	52.6	46.8
	うち政府建設投資	19.8	18.7	18.0	20.7	19.2
	民間建設投資	27.4	30.7	28.8	31.9	27.7
	維持修繕投資額	13.6	15.1	14.1	17.4	15.2
	建設市場計	54.0	57.6	54.4	62.1	54.9
実質値	建設投資額	42.8	42.4	41.2	42.4	39.9
	うち政府建設投資	18.0	16.0	15.9	16.7	16.3
	民間建設投資	24.9	26.3	25.4	25.7	23.6
	維持修繕投資額	12.3	12.9	12.5	14.0	12.9
	建設市場計	49.1	49.4	47.9	50.0	46.8

【参考6】

建設市場とは

○「建設市場」とは、国土交通省が発表した「建設投資」に「民間建築の維持修繕」を加算したもの
○「建設投資」には、「政府・民間土木・民間建築の新設、増改築」および「政府・民間土木の維持修繕」が含まれている。
○「維持修繕」には、「政府」、「民間土木」、「民間建築」の維持修繕が含まれている。

【建設市場・建設投資・維持修繕の範囲】

	政府	民間土木	民間建築
新設増改築	A	B	C
維持修繕	D	E	F

- ■建設市場　A＋B＋C＋D＋E＋F
- ■建設投資　A＋B＋C＋D＋E
- ■維持修繕　D＋E＋F

【参考7】

東京オリンピック・パラリンピック関連の建設投資

　東京オリンピック・パラリンピック関連の競技施設等の整備費は、当初は5千億円程度と言われていた。
　今から5年間で整備するとして1千億円／年程度で、2020年度の建設市場規模の推計およそ50兆円程度と比較すると僅か0.2％に

> 過ぎず、観光施設などの誘発投資を含めても、建設業への影響はごく限られたものであり、労働市場への影響を懸念するほどのものでもない。
>
> 　巷間、建設工事の価格はオリンピックの影響で上昇するが、その後は低下するなどと言われているようであるが、オリンピックの開催と建設工事の市場価格とは殆ど関係がない。
>
> 　また、ソチ五輪などの影響からか、競技施設の建設が間に合うか不安視する声もあるようであるが、適切な時期に工事が発注されれば、懸念される事情はない。

(2) 建設市場規模の予測の方法

　2020年度および2025年度の建設市場規模の予測は、2015年2月に内閣府が公表した「中長期の経済財政に関する試算」のA、Bのケースをベースとして建設経済研究所と共同で作成した。

　「ケースA（経済再生ケース）」は、「三本の矢」の効果が着実に発現する場合で、中長期的に経済成長率は実質2％以上、名目3％以上となり、消費税率引上げの影響を除く消費者物価上昇率は、中長期的に2％近傍で安定的に推移するとしている。

　「ケースB（ベースラインケース）」は、経済が足許の潜在成長率並みで将来にわたって推移する場合で、中長期的に経済成長率は実質1％弱、名目1％半ば程度となるとしている。

(3) 民間シンクタンクのGDP予測との対比

　民間シンクタンクによる2020年度のマクロ経済予測と日建連が行った建設市場予測を比較して検証を行った。具体的には、日本経

済研究センター、大和総研、ニッセイ基礎研究所、みずほ総合研究所の4社のマクロ経済（GDP）予測と日建連の建設市場規模予測を重ねて傾向を比較した。

　　日本経済研究センター　「第41回日本経済中期予測」（2015.3.3）
　　大和総研　　　　　　　「日本経済中期予測」（2015.2.3）
　　ニッセイ基礎研究所　　「中期経済見通し」（2014.10.16）
　　みずほ総合研究所　　　「内外経済の中期見通し」（2014.11.1）

【図表Ⅱ－2】GDP予測（シンクタンク）と建設市場予測（日建連）の市場伸び率の比較（実質による）

(単位：兆円)

	2013年度	2020年度	
GDP	531	約563～595	6～12%増
建設市場	51.7	ケースA　49.4	7%減
		ケースB　47.9	5%減

2013年度＝100とした場合の推移

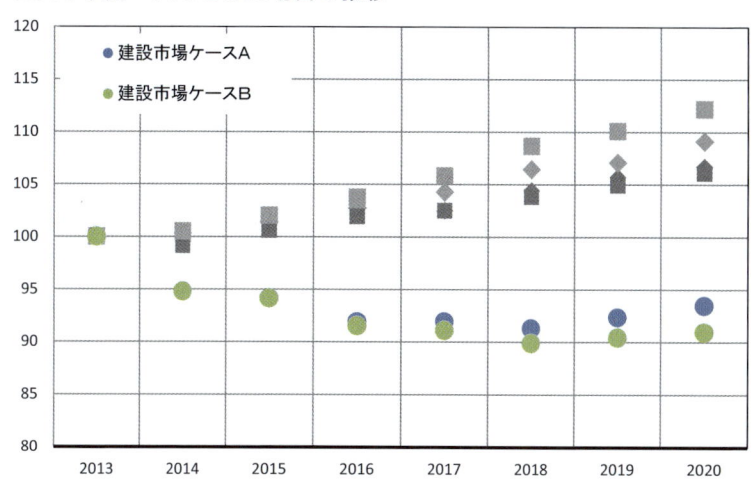

民間シンクタンクによるとGDPは10％程度伸びると予測されているが、日建連による建設市場規模は10％近い減少を予測している。

このように、日建連の予測は民間シンクタンクのマクロ経済予測に比べて慎重な傾向にある。これは、日建連による予測は、建設業の活況が喧伝される中でも、楽観に振れずに堅実な予測を行ったものであり、日建連の建設市場予測には幾分の上振れの余地がある。

(4) 今後の建設市場に対する会員企業の意識

日建連が行った会員企業アンケートによると、2020年度までの建設市場に対しては6割近くの会員企業が拡大を予測する反面、約15％の会員企業は縮小と予測している。また、市場拡大を見込む会員企業のうち3割強が自社の受注は増えないと見ており、その理由の大半が、技術者および労働者の不足、すなわち「人材不足」であるとしている。

2025年度までの建設市場の見通しでは約65％の会員企業が市場縮小を見込んでいる。拡大を見込む会員企業も1割弱あったが、「大幅に増加」や「大幅に縮小」を見込む会員企業は少ない。

以上を要約すると、会員企業の建設市場に対する見方は、「2020年度までは建設市場は拡大、その後は縮小傾向に転換するものの大幅な落ち込みはない」というのが大勢であると言える。

第1章 2025年度までの建設市場

【図表Ⅱ-3】 今後の建設市場に対する会員企業の見方

2020年度までの建設市場の見通し

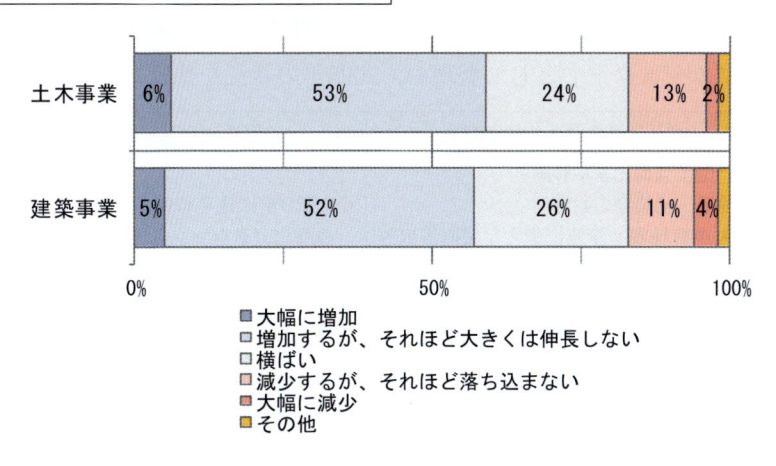

	大幅に増加	増加するが、それほど大きくは伸長しない	横ばい	減少するが、それほど落ち込まない	大幅に減少	その他
土木事業	6%	53%	24%	13%	2%	
建築事業	5%	52%	26%	11%	4%	

2025年度までの建設市場の見通し

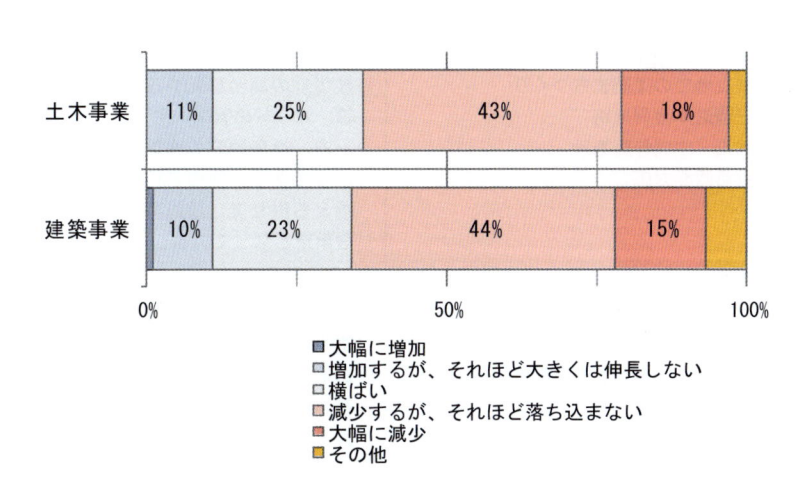

	大幅に増加	増加するが、それほど大きくは伸長しない	横ばい	減少するが、それほど落ち込まない	大幅に減少	その他
土木事業			11%	25%	43%	18%
建築事業			10%	23%	44%	15%

45

2．2025年までに期待されるベースプロジェクト

　現在計画中や、構想中のプロジェクト群のうち、主要なものを「ベースプロジェクト」として整理し、2025年の状況を想定した。

ベースプロジェクトの概要	2025年の状況の想定
①「国土強靭化基本計画」 ◆住宅・構築物の耐震化 ◆大規模地震・津波に備えた堤防等の整備 ◆人口・資産集積地区等での治水事業 ◆ミッシングリンク解消への道路ネットワーク整備 ◆臨海工業地帯の液状化対策	◆2020年に住宅の耐震化率95％（国土強靭化アクションプラン2014）等の目標に向けた取組みが進められている ◆より一層の強靭化に向けた取組みが継続されている
②「国土のグランドデザイン2050」 《コンパクト＋ネットワーク》 ◆「小さな拠点」と、高次地方都市連合等の構築 ◆公共交通網の再整備 ◆三大都市圏を一体化した世界最大のスーパー・メガリージョン形成	◆地方では、買い物・医療等の日常生活を支える機能の集約化、ICT活用、公共交通ネットワーク再整備によりコンパクトシティの形成が進められている ◆リニア中央新幹線開通を見据え、三大都市圏を一体としてとらえた都市開発が計画されている
③震災復興関連 ◆被災地での復興まちづくり ◆三陸沿岸復興道路 ◆除染・中間貯蔵施設 ◆福島原発対応	◆被災地の高台移転や三陸沿岸復興道路等、ハードの整備は完了している ◆一方、福島原発の廃炉は途についたばかりであり、他の老朽化原発の廃炉計画とも併せて、建設業にとっても重要な事業となっている
④道路 ◆首都圏3環状道路整備 　（中央環状線・外環道・圏央道） ◆首都高速道路や高速自動車国道の更新	◆首都圏3環状道路の整備、首都高速道路や高速自動車国道の老朽化区間への対応とも概ね完了している ◆都心部の渋滞緩和と物流の効率化に、大きな効果が現れている

⑤鉄道 ◆リニア中央新幹線 ◆都心直結線（成田－都心－羽田） ◆羽田空港アクセス新線 ◆整備新幹線3線（北海道・北陸・九州）の延伸	◆リニア中央新幹線は2年後の開業に向けて工期終盤に入っており大阪までの延伸に向けた計画が具体化されている ◆都心と空港を結ぶ新たなアクセスラインが開業している ◆北海道新幹線（新函館北斗〜札幌間）は5年後の開業を目指して工事中 ◆北陸新幹線は金沢〜敦賀間が開業し、敦賀以西の工事が開始される ◆九州新幹線（西九州）の武雄温泉〜長崎間は開業している
⑥都市開発 ◆山手線新駅開業（品川－田町間） ◆品川駅周辺再開発 ◆渋谷駅周辺再開発 ◆電線地中化 ◆住宅、建築物のゼロエネルギー化	◆2020年に暫定開業した山手線新駅から品川駅周辺にかけて、リニア中央新幹線開業を控えた再開発が佳境となっている ◆都心部の電線地中化が完了し、景観の向上とともに耐震性の向上が実現している
⑦東京五輪関連 ◆新国立競技場 ◆東京五輪競技会場 ◆湾岸部の高層住宅 ◆商業・宿泊・観光施設への投資	◆2020年東京五輪の終了後、新国立競技場は新たなスポーツの聖地として定着している ◆選手村跡地は最先端の街として人気を博している
⑧首都圏以外 ◆地方創生施策の推進 ◆エコシティー、コンパクトシティの推進 ◆再生可能エネルギー関連事業や海洋資源開発事業の推進 ◆ダム整備事業の再開 ◆環境・景観に配慮した土木工事の普及	◆地方創生の中で、エコシティーやコンパクトシティの考え方のもとでのまちづくりが進められている ◆治山・治水等の大型土木工事や法面工事では景観を損ねない工法が普及し、美しい風景が再生されている

第2章 2025年度までの世代交代の目標

　我が国の総人口は2014年から2025年までに629万人減少し、生産年齢人口は696万人減少すると予測されている。日本全体の生産年齢人口がこれだけ減少する中で、建設業の担い手の世代交代を実現するため、2025年度までに技能労働者として若者を中心に90万人の新規入職者を確保することを目指す。

1．2025年度に必要なマクロの技能労働者数

　先ず、第1章で推計した2025年度の建設市場規模46.8〜50.0兆円（実質）を前提として、2025年度に必要となる建設技能労働者数を試算する。

　建設市場規模と技能労働者の過不足がバランスしていたのは最近では2011年度であると考え、2011年度の1人あたり建設市場規模が変わらないとすれば、

2025年度に必要となるマクロの労働者数は、
328万人〜350万人と計算される。

【図表Ⅱ-4】2025年度に必要なマクロの技能労働者数

		2011年度	2025年度 ケースA	2025年度 ケースB
市場規模（兆円）				
	名目	50.5	62.1	54.9
	実質	47.6	50.0	46.8
技能労働者（万人）		333	350	328

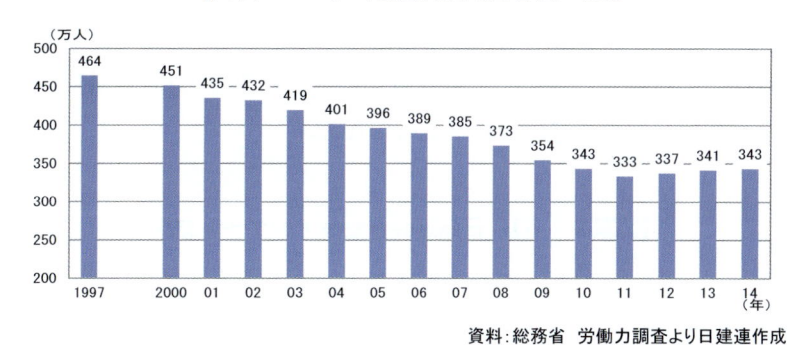

【図表Ⅱ－5】　建設技能労働者数の推移

(万人) 1997: 464、2000: 451、01: 435、02: 432、03: 419、04: 401、05: 396、06: 389、07: 385、08: 373、09: 354、10: 343、11: 333、12: 337、13: 341、14: 343

資料：総務省　労働力調査より日建連作成

2．生産性向上による省人化

　生産性の向上により省人化が図られれば、実際に必要となる技能労働者数はこれよりも少なくなる。

　日建連では、建設生産システムの合理化（省人化・省力化）について、会員企業へのアンケートを行ったところ、過去10年間の実績と今後の取組姿勢は図表Ⅱ－6のとおりであった。本ビジョンでは、このアンケート結果などを参考に、生産性の向上により10％以上の省人化を図ることとし、2025年度までに必要となる技能労働者数に対し、

約35万人分の省人化を目標とする。

　これを本章1．で推計した必要技能労働者数328万人～350万人から控除すると、

必要な技能労働者数は293万人～315万人となる。

　ただし、この省人化の目標は、日建連会員企業が過去10年間の建設需要減少下で必死にコストダウンを図った期間の実績から敷衍したものであり、今後技能労働者の処遇改善と並行して同様の生産性向上を実現するのは並大抵のことではない。また、日建連会員企業の市場シェ

第Ⅱ部　2025年を目指して建設業は再生する

アは約1／4であること、ロボット化、機械化等の先端的な技術は小規模な工事ほど使いにくいことなどを考えると、我が国建設業全体でこの目標を達成するには、地方建設業や専門工事業の相当の努力と、日建連会員企業の一層の奮起が求められる。

【図表Ⅱ－6】　日建連会員企業アンケート結果

①過去10年間における生産システムの合理化(省力化、省人化)

【土木】(回答会社数＝53)

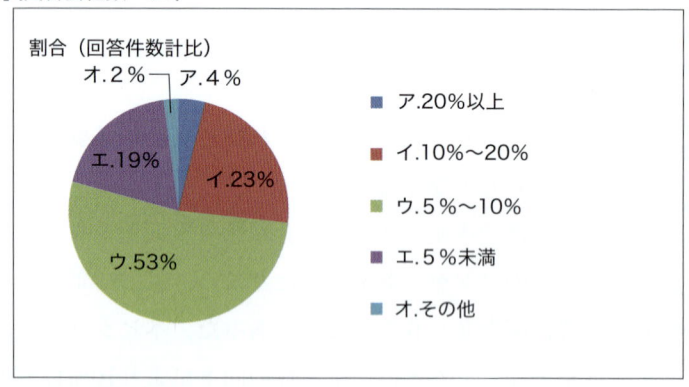

割合（回答件数計比）
- ア.20％以上：4％
- イ.10％～20％：23％
- ウ.5％～10％：53％
- エ.5％未満：19％
- オ.その他：2％

【建築】(回答会社数＝51)

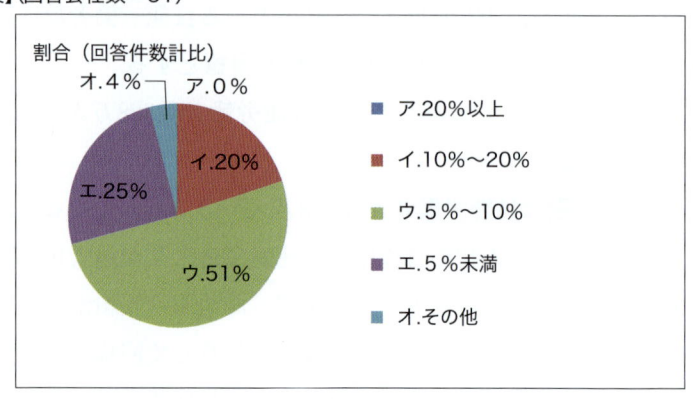

割合（回答件数計比）
- ア.20％以上：0％
- イ.10％～20％：20％
- ウ.5％～10％：51％
- エ.5％未満：25％
- オ.その他：4％

②今後10年間の生産システムへの取組み姿勢

【土木】（回答会社数＝96）

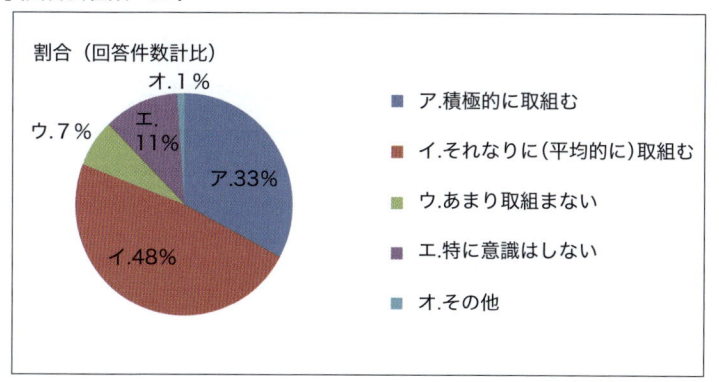

割合（回答件数計比）
- ア.33％
- イ.48％
- ウ.7％
- エ.11％
- オ.1％

凡例：
- ア.積極的に取組む
- イ.それなりに（平均的に）取組む
- ウ.あまり取組まない
- エ.特に意識はしない
- オ.その他

【建築】（回答会社数＝88）

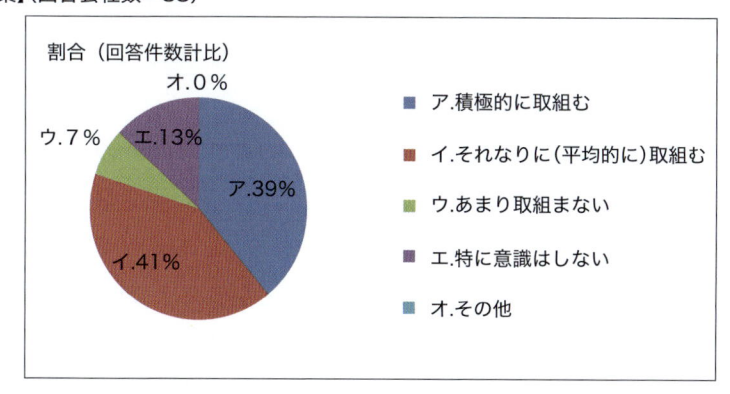

割合（回答件数計比）
- ア.39％
- イ.41％
- ウ.7％
- エ.13％
- オ.0％

凡例：
- ア.積極的に取組む
- イ.それなりに（平均的に）取組む
- ウ.あまり取組まない
- エ.特に意識はしない
- オ.その他

【参考8】

生産性の向上と新規入職者の確保

　生産性向上の努力は、実際には採算面を考えると、新規入職者確保の可能性とトレードオフの関係になる。新規入職者確保の困難性が高ければ、よりコストをかけてでも生産性の引き上げによる省人化を進めざるを得ない。これ以上の生産性の向上がコスト的に困難

第Ⅱ部　2025年を目指して建設業は再生する

> であれば、賃金をさらに引き上げて新規入職者を何としても確保せざるを得ない。
> 　建設業界としては、生産性の向上に精一杯努力し、より少ない技能労働者の処遇をより充実させることが大切である。

3．大量の離職者の発生

(1)　高年齢層の離職

　技能労働者の年齢構成を見ると、2014年度に60歳以上の技能労働者80万人（全体の23.2％）は、2025年度には71歳以上となる。また、2014年度に50歳～59歳の技能労働者73万人（同21.2％）は、2025年度には61歳～70歳となる。

　この合わせて153万人（同44.4％）の技能労働者のうち、2025年度に71歳以上となる80万人については、一部は引き続き就労していると思われるが、高齢層に期待しすぎることを避ける観点から、本ビジョンでは、ほぼ全員が離職すると見込み、2025年度に60歳～69歳となる73万人は4割程度が離職すると見込むことが妥当と考える。

　この結果、**2014年度の50歳以上の技能労働者153万人のうち7割以上の**

109万人が2025年度までに離職する。

このように、担い手が著しく高齢化した我が国の建設業は、10年以内に実に100万人規模の大量離職時代を迎えることが確実である。

第 2 章　2025 年度までの世代交代の目標

【図表Ⅱ−7】　2025年度の技能労働者数

（単位：万人）

年齢	2014年度	2025年度（推計）
15～19歳		
20～24歳		
25～29歳		
30～34歳	192	
35～39歳		172
40～44歳		
45～49歳		
50～54歳	73	44
55～59歳		
60～64歳	80	0
65～90歳		
70歳～		
計	343	216

（注）四捨五入しているため、内訳と合計は必ずしも一致しない。
※総務省労働力調査を基に日建連推計

【図表Ⅱ−8】　高年齢者の離職数

（単位：万人）

2014年度	
50～59歳	73
60歳以上	80

→

2025年度	
60～69歳	44
70歳以上	0

離職数
−29
−80
−109

第Ⅱ部　2025年を目指して建設業は再生する

【参考9】

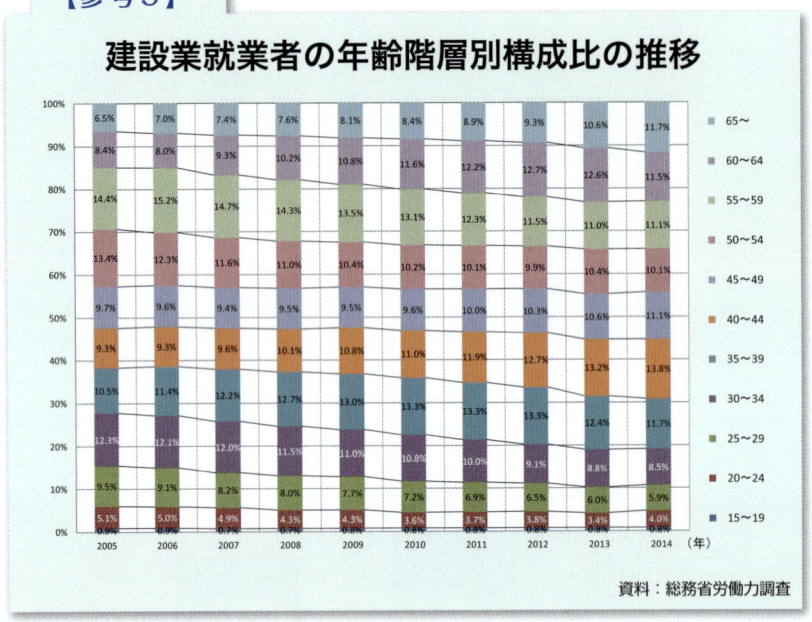

建設業就業者の年齢階層別構成比の推移

資料：総務省労働力調査

(2) 中堅層と若年層の動向

　15歳～49歳の若年・中堅層は、生産年齢層の中核であり入職や離職が激しい階層である。今後10年の動向を予測することは難しいが、15歳～49歳までの総人口は、10年後の2025年度には、現在より約14％減少すると予測されている(注1)。また、建設技能労働者のうち10年前（2004年度）の25歳～49歳までの中堅年齢層207万人は、10歳年をとった2014年度には198万人に減少していること(注2)などを勘案すると、若年層および中堅層を合わせた192万人は、このままでは、1割程度が減少すると見込まざるを得ない。

（注1）国立社会保障・人口問題研究所
（注2）総務省労働力調査を基に日建連推計

第2章　2025年度までの世代交代の目標

　この結果、**2014年度の15歳〜49歳までの技能労働者192万人**のうち、

　　　　19万人が2025年度までに減少する。

したがって、全年齢合計では、

　　　　128万人程度の技能労働者が2025年度までに減少する。

　この結果、2025年度の技能労働者は216万人となり、2．で試算した必要技能労働者数293万人〜315万人との差である必要な新規入職者数は、

　　　　77万人〜99万人となる。

【図表Ⅱ−9】　2025年度の建設技能労働者数

(単位：万人)

	2014年度
15〜19歳	
20〜24歳	
25〜29歳	
30〜34歳	192
35〜39歳	
40〜44歳	
45〜49歳	
50〜54歳	73
55〜59歳	
60〜64歳	80
65歳〜	
計	343

	2025年度（推計）
	172
	44
計	216

2025年度 必要技能労働者数	
必要技能労働者数 77〜99	マクロの必要技能労働者数 293〜315
在職数（推計）216	

(注)　四捨五入しているため、内訳と合計は必ずしも一致しない。
※総務省労働力調査を基に日建連推計

55

【図表Ⅱ－10】 2025年度の必要技能労働者数

(単位：万人)

	マクロの必要 技能働者数	在職数 （推計）	必要技能 労働者数
ケースA	315	216	99
ケースB	293		77

(3) 世代交代の必要性

　建設業における34歳以下の若年層の技能労働者は、過去10年以上、一貫して減少し続けている。これは、建設業が若者に不人気なこともあろうが、主として建設需要の減少下で採用を控えた結果である。そのため、34歳以下の技能労働者の全技能労働者数に占める割合をみると、2005年度に27.8％であったものが、2010年度には22.5％、2014年度には19.2％と、極端な若者不足を招いている。

　建設技能労働者の世代交代を進め、技能の伝承を図るためには、34歳以下の若年層の入職拡大が最大の課題である。

【図表Ⅱ－11】 34歳以下の技能労働者数と構成比

(単位：万人)

年度	技能労働者数		
	全年齢	34歳以下	構成比
2005	396	110	27.8％
2006	389	106	27.1％
2007	385	99	25.8％
2008	373	92	24.6％
2009	354	84	23.8％
2010	343	77	22.5％
2011	333	72	21.5％
2012	337	68	20.3％
2013	341	65	19.0％
2014	343	66	19.2％

※総務省労働力調査を基に日建連推計

4．新規入職者の確保

(1) 新規入職者確保の目標

　本ビジョンにおいては、以上の考察を基に、種々の要素を総合的に検討した結果、2025年度までの新規入職者確保の目標を次のとおりとする。

34歳以下（入職時）の若者を中心に　90万人
（うち女性20万人以上）
生産性向上による省人化　35万人

　新規入職者の必要数は、建設市場の規模によって左右されるが、処遇改善の進展や生産性向上の進捗などにも影響され、目標値に幅を持たせると際限がないので、今後の建設業の再生への道筋を明確にするため、上記のような一義的な目標を設定した。

　また、新たに生産年齢に達する満18歳の人口がわずか123万人（2013年総務省統計局推計による）という状況の中で建設業が10年で90万人もの新規入職者を確保するのは極めて高い目標であり、女性の確保が不可欠である。日建連では、2019年度までに女性技能者を倍増するという目標を掲げているが、2025年度までには3倍増の20万人以上の獲得を目指す。

(2) 新規入職者確保の緊急性

　高年齢層の離職は、当面の労働需給逼迫の中で後倒しされ、2025年度までの後半の5年間に集中すると見込まれるが、新規入職者の熟練には相当の期間を要すること、生産性の向上による省人化は徐々にしか進まないこと、他産業との人材獲得競争は年を追うごとに激化が予測されることなどを考えると、5年先を待たずに、一刻

も早く若年層の確保を進めなければ手遅れになる。前期5年間が勝負である。

　幸い、2014年には建設業の技能労働者が前年比約2万人増加している。かつ、他産業には見られない現象として建設業では若年層が約2万人増加していると推計される。これは2013年来の労務賃金改善の努力の成果が出始めたと前向きに受け止めたいが、今後10年間で90万人の目標に比してなお低水準であり、一層のスピードアップが必要である。

　2020年東京オリンピック・パラリンピックまでの5年間は、建設業の夢を若者にアピールする絶好の機会でもあるので、新規入職者、特に若者の確保に、先ず前期5年間に、建設業界あげて全力で取り組まなければならない。

　なお、第1章1で提示した2025年度の建設市場規模の予測は慎重型であり、この予測以上に市場規模が膨らみ、必要な新規入職者数がさらに大きくなる可能性も考えられる。仮に、そうした状況が見えてくるようなら、例えば5年後に目標値を改定することも考えられる。

　また、90万人は、新規入職者確保の目標であって、将来これだけの労働者が不足するという意味ではない。建設企業は、退職者が出る都度その補充をするのが常態であり、退職者の補充採用が順調にいく限り労働者不足は生じない。

　ただし、産業間の人材獲得競争が激化する中での90万人もの新規入職者の確保は、早急な処遇改善の取組みがその成否を左右する。90万人の新規入職者を確保できなければ、深刻な労働者不足を招くことも想定される。

【参考10】

現下の労働力不足問題

　昨今、建設業の労働者不足問題が世間の注目を集め、様々な議論と報道がなされている。また一方で、建設業の技能労働者は極端に高齢化しており、建設業界には10年も経ずに建設生産に著しい支障が生じるとの強い危機感がある。

　しかし、これら２つの問題は、全く別次元の問題である。

　序説で述べたとおり、多年にわたるデフレスパイラルの中で建設業の技能労働者は、賃金の低下とともに120万人程度減少したが、2011年度から建設投資が増加に転じ、被災地や大都市を中心に従来の低賃金では確保が困難になってきた。このため建設企業は、労働者不足を理由として、低価格の受注を敬遠する傾向を強めている。これがいわゆる「労働者不足」問題の本質であるが、従来の安値受注が横行していた時期からの急激な変化に対する発注者の戸惑いもあって、ことさら「労働者不足」問題が不安視される面があることも否定できない。

　今のところ低賃金から建設業を離職した人達は適切な労務賃金を支払えば戻ってくるので、当面、建設工事の発注価格が適切であれば工事の実施に支障はない。

　また、公共工事での入札不調の多発の問題も、価格が折り合わないケースが殆どで、国土交通省が実施した新公共工事設計労務単価の普及により減少してきたと聞いている。

　しかし、離職者の復帰が何時までも続くわけではなく、さらにより深刻な技能労働者の高齢化の問題がある。技能労働者の大量離職時代をどう乗り切るか、技能労働者の世代交代こそが建設業にとって本質的な課題である。

【参考11】 「クラウディングアウト」論

　最近、建設業の労働力に関連する問題として、公共事業を増加させると、公共工事に民間工事の労働者がとられ、民間建設投資を圧迫する、との「クラウディングアウト」論がまことしやかに主張されている。

　こうした見方は、低価格での受注を敬遠する建設業者が労働者不足を口実にしたことを公共工事の増加と結びつけた発想と思われるが、実際には、公共建設事業の主体である土木工事と民間建設事業の主体である建築工事では労働者も下請企業も別であり、代替性も補完性も乏しい。「クラウディングアウト」論は、こうした実態を知らない思い付きの議論であって、この主張には財務省も否定的であり、先般、太田国土交通大臣が明確に否定した。

　とは言え、建設業の実態が有識者にもあまり知られていないこと、建設業に関わる政策論がこれほど安易に論じられてしまう風潮があること、土木、建築の技能者は大した熟練を要しないと思われていることには、建設業界としても反省が必要である。

第3章　担い手の確保、育成

　本ビジョン第Ⅱ部の狙いは、建設業の再生である。ここでは、そのために最も基本的な課題として、担い手の確保・育成の問題を取り上げる。

　第2章で見たように、2025年度までに100万人を超える技能労働者が離職する。賃金、社会保険等の就労条件の改善、さらには雇用形態の安定化など建設技能労働者の処遇を総合的に改善することで多くの若者の入職を実現し、この大量離職時代を乗り切るのが、今後10年間の絶対の課題である。

１．担い手の確保の総合的推進

(1) 担い手の確保のための方策

　担い手の確保のための具体策については、公共工事設計労務単価の引き上げを契機に日建連が取りまとめた「労務賃金改善等推進要綱」をはじめとする各種の対策や、国土交通省と関係団体による「建設産業活性化会議中間とりまとめ」などにより既に十分提示されている。これらの施策は、あらゆる建設業団体と建設企業で整合を取りつつ、使命感とスピード感を持って、同時並行的に進められなければならない。

　日建連および会員企業は、業界のリーダーとして、国土交通省等の関係行政機関や関連する業界団体、労働団体等と連携しつつ、先頭に立って取り組む。

【参考12】 日建連の対策

1.「労務賃金改善等推進要綱」(2013年7月18日)

　2013年度の公共工事設計労務単価の引き上げと東日本大震災に伴う労賃の上昇を、技能労働者の処遇を改善し、建設業再生のラストチャンスと捉え、業界を挙げて技能労働者の処遇を改善し、定着させる取組みを開始した。

　その主な内容は、まず自ら適正な受注活動に徹するとともに、①適正な労務賃金の支払いや社会保険加入の徹底を下請企業へ要請、②重層下請構造の改善（5年後に原則2次まで）、③主要民間発注団体に対して適正価格、適正工期、そして適正な契約条件による契約の要請、となっている。

2.「建設技能労働者の人材確保・育成に関する提言」 (2014年4月18日)

　日建連では、2009年5月に「建設技能労働者の人材確保・育成に関する提言」を取りまとめ、技能労働者の確保、育成に向けてその処遇改善に取り組んできたが、折しもリーマンショックによる景気の悪化、国内産業の空洞化による設備投資の激減等、経営環境の急激な悪化に阻まれて十分な成果を得ることはできなかった。

　建設投資が増加に転じ、デフレスパイラルが逆に回り始めたこの時期に、従来の提言を見直し、適正な受注活動の実施を徹底するとともに、取り組むべき処遇改善の方向性を明らかに示した。

　その主な内容は、①建設技能労働者の賃金改善を行い、年間労務賃金水準が、20代で約450万円、40代で約600万円を目指す、②社

会保険未加入対策として、2014年度中に原則として全ての工事において一次下請会社を社会保険加入業者に限定する、③労働環境の改善として、土曜日の作業所閉所を進めるとともに、前提となる「適正工期の確保」に向けて働きかけていく、等である。

3.「社会保険加入促進要綱」(2015年1月19日)

　国土交通省は、2017年度を目途に企業単位では加入率100％、労働者単位では製造業相当の加入という目標を掲げて社会保険加入促進に取り組んでいる。日建連および会員企業は、従来から社会保険加入促進に取り組んでいるが、労働環境改善の基礎である社会保険加入促進について業界のリーディングカンパニーとして、足並みを揃えて取組みを加速させることとした。

　その主な内容は、①下請企業に対し、適正な社会保険加入の指導と契約後における加入状況確認と加入の徹底を行う、②下請企業に対し、見積りの際に法定福利費の内訳明示の徹底と、示された法定福利費を必要経費として適正に確保した契約を下請企業と締結すること、③社会保険に未加入の企業とは、一次下請については2015年度以降、二次以下の下請企業については2016年度以降契約しないこと等を明示する、である。

【参考13】

「建設産業活性化会議中間とりまとめ」(2014年6月26日)のポイント

建設産業の担い手確保・育成を図るため、
①　技能者の処遇改善

② 若手の早期活躍の推進
③ 将来を見通すことのできる環境整備
④ 教育訓練の充実強化
⑤ 女性の更なる活躍の推進

に取り組む。

　また、労働力人口が減少する中、生産性の向上が不可欠であり、
⑥ 建設生産システムの省力化・効率化・高度化に発注者・元請・下請が一体となって取り組む。

　さらに、より円滑に賃金が元請から専門工事業者、現場の職人まで行き渡る環境整備、計画的な工期・工程等による週休2日制の実現につなげる。

(2) 活発な求人活動

　建設業への新規入職者を確保するには、先ず専門工事業者が活発な求人活動を展開することが先決であり、元請企業も、自社のブランドを前面に出すなど求人活動に積極的な姿勢を示すことが必要である。

　幸いなことに、近年賃金の上昇などにより建設業の技能労働者が増加に転じている。特に若年層についても、2014年になってどの産業もやや減り気味の中で建設業は約2万人増加しており、2013年来の建設業界あげての努力の成果が出始めている。建設業関係者は、この状況に自信を持って、今後10年で世代交代を実現すべく、さらに活発な求人活動を進めたい。

　とかく若者は建設業への入職を嫌うという先入観があるが、ハローワークから聞くところによると、建設業そのものに対するイメージはそれほど悪いものではなく、むしろ労働条件や雇用管理面

第3章　担い手の確保、育成

を不安視する声が多いとのことであった。本章２．以下に示す処遇改善の取組みとその発信が肝要である。

　工業高校関係者によれば、建設業への人材供給の可能性は十分にあり、むしろ建設業からのさらに積極的な求人を期待しているとのことである。

【参考14】
ハローワークへのヒアリング結果

　日建連が行ったハローワークへのヒアリングによれば、若年者の建設業に対するイメージと入職希望との間には大きな差が見られ、労働条件や雇用管理の面を不安視する声が大きく、幅広い雇用管理改善および建設業の魅力の積極的な発信が求められている。

（資料：ハローワーク新宿）

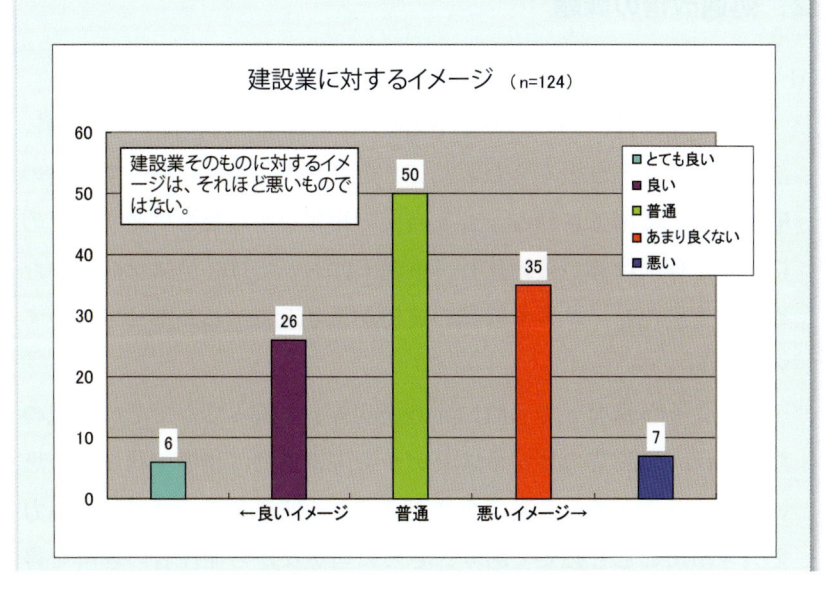

建設業に対するイメージ (n=124)

イメージ	人数
とても良い	6
良い	26
普通	50
あまり良くない	35
悪い	7

建設業そのものに対するイメージは、それほど悪いものではない。

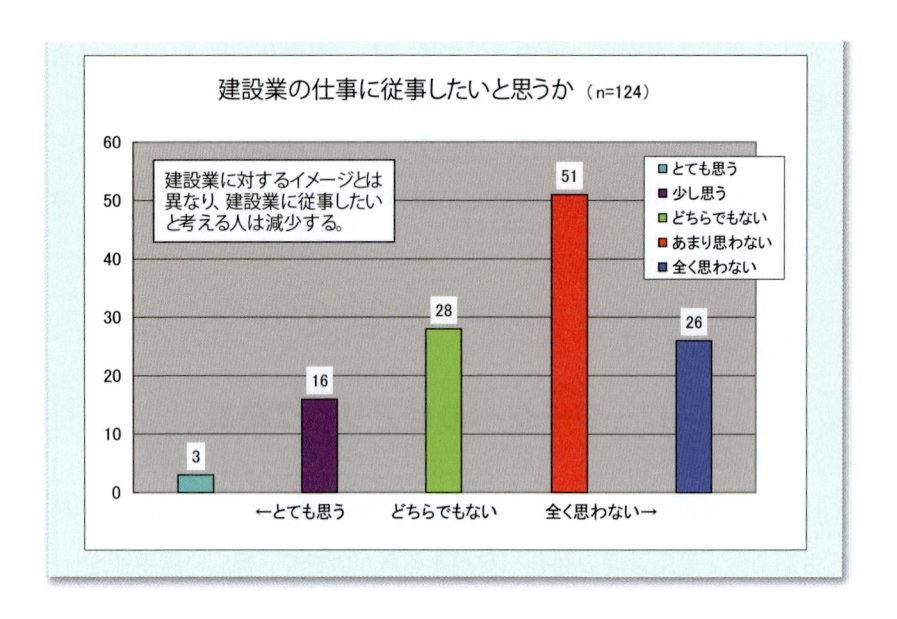

建設業の仕事に従事したいと思うか (n=124)

選択肢	人数
とても思う	3
少し思う	16
どちらでもない	28
あまり思わない	51
全く思わない	26

建設業に対するイメージとは異なり、建設業に従事したいと考える人は減少する。

2．処遇改善の課題

(1) 処遇改善の難しさ

　建設生産物は、多様な職種の技能労働者によって、数多くの材料、部品、設備などを組み合わせ、それぞれ異なる場所において元請の監督のもとに施工される。より高度で複雑な生産物を生産するために、生産体制は勢い複雑化し、不況下においては、リスク回避のため一層重層化し、コスト削減の負担がより下方へしわ寄せされやすい形に陥っている。

　このような状況下で一口に「処遇改善」と言っても、その実現のためには、建設業のビジネスモデルや生産体制、現場工程などの思い切った改善を要し、元請企業だけでなく関連業界の積極的な協力を引き出すことも必要であり、さらに当然ながら発注者の理解を得

るのが肝心であって、気の遠くなるような難しさがある。しかし、今やらなければ手遅れになるとの危機感を持って、段階的に実施し、今後10年で相当の成果が実感できるように、端的に言えば若者の入職が増える結果を出さねばならない。

　また、処遇改善のための取組みは、当然ながらコストを要し、生産効率への影響も無視できない。そのため処遇改善の取組みを怠る方が競争上無難といった意識が改革の足を引っ張りかねないので、各建設企業が覚悟を決めて一斉に取り組まねばならない。元請企業も下請企業も「正直者が馬鹿を見る」ようなことは、絶対にあってはならない。

(2)　他産業に負けない賃金水準

　日建連では、2014年4月の提言により、技能労働者の年間賃金水準を20代で約450万円、40代で約600万円（これは、2012年の全産業労働者平均レベルである）を目指す目標を掲げている。

　これを実現するために何よりも肝心なのは安値受注を排し、適正な価格による受注に徹することである。そして、発注者から獲得した適正な費用を労働者に行き渡らせるためには、重層下請構造の改善も欠かせない。

(3)　社会保険加入促進

　日建連は2012年以降、関係省庁や団体と連携しつつ、技能労働者の社会保険加入の促進に取り組んできたが、加入状況は改善しつつあるものの、未だ製造業並みにはほど遠い状況である。

　2014年11月には、経済財政諮問会議において、社会保険低加入状況という労働環境の是正を早急に進めるべきであるとの指摘がなさ

れたが、社会保険の完備は若者の入職促進のためには、必須のものであり、現場で働く技能労働者を適正な社会保険に加入させることは企業としての義務である。日建連としても、官民で共有する、2017年度をめどに企業単位では100％、労働者単位では製造業相当の加入という目標の前倒し実現のため、2015年1月に新たに「社会保険加入促進要綱」を定め、会員企業は業界のリーディングカンパニーとして、足並みを揃えて積極的に取り組むこととした。

社会保険の加入促進には、業界の一層の努力が必要であるが、国においても加入要件の合理化や、加入促進の方策などをさらに進めていただきたい。

(4) 建退共制度の適用促進

建設業退職金共済制度は、数多くの建設現場を移動して働く労働者が、働いた日数分の掛け金が全部通算されて、退職金が支払われるものであり、技能労働者の退職後の生活の安定に大きく寄与するものである。

日建連では、2009年以来、建退共制度の適用促進に取り組んでおり、2014年の提言では、公共工事でほぼ100％活用されている建退共制度について、各下請会社と協力しつつ、その完全実施を目指し、民間工事における加入促進のための活動に取り組んでいる。

なお、建退共制度やその運用の改善について、昨今のICT技術の進歩を踏まえた取組みを期待する。

(5) 休日の拡大

建設業に新規に入職した若者の離職率が高い最大の原因は休日が非常に少ないことで、若者は賃金より時間が大切とも言われている。

休日の拡大、なかんずく4週8休の実施は、処遇改善と若者の確保に不可欠であり、今日、建設業以外の多くの業種では常識となっており、労働基準法で定められている週40時間労働制を実現するためのもっとも一般的な方法である。休日の拡大は、工事工程と工事費への影響が大きいが、発注者の理解を求めつつ、4週8休を業界の常識とすることで解決できる。

　国土交通省では、2014年から受発注者が工程調整を綿密に行うことにより、原則週休2日を確実に取得できるモデル工事の発注が始まっている。さらに、品確法に基づく「発注関係事務の運用に関する指針」では今後実施に努める事項として「週休2日の確保等による不稼働日数等を踏まえた適切な工期を設定」することも挙げられている。

　若年労働者を確保する上で、他産業との競争に打ち勝ってゆくために、従来の思い込みを捨てて、週休2日をはじめとする休日の拡大に取り組んでいかなければならない。

　休日の拡大に対しては、特に土曜閉所は賃金の低下につながる懸念もあるが、これは賃金の水準と日給制の問題であり、その場合土曜日が休業と決まれば、土曜日の作業に職人は割増賃金を貰える。また、休日の増加はどうしても工期の長期化を招くが、工期を急ぐ発注者には特急料金をお願いする。

　建設業の休日の少なさは明らかに異常である。建設業は休日を犠牲にして国民にサービスし過ぎている。段階的にでもやむを得ないので、休日の拡大を建設業界が一斉に実施すべきである。

(6) 雇用の安定（社員化）

　上記の諸方策を実効あらしめるための切り札となるのが、技能労

働者の「社員化」であり、技能労働者を企業が直接に常時雇用することである。

　旧来の徒弟制度とも言われる「雇用」と「請負」が曖昧な技能労働者の雇用形態を改めなければ、建設業は近代産業たり得ない。技能労働者の雇用形態は可能な限り「雇用」とし、さらに日給・月給制ではなく、月給制の社員にすることである。

　このためには、専門工事業者の努力が必須である。元請企業としては、協力会社組織等を通じて、社員化に取り組む専門工事業者に対して、下請発注の平準化をはじめ、常勤の優良な職長に対する手当の支給などの支援をさらに拡大することや、専門工事業者による技能労働者の雇用を促進する仕組みづくりにまで踏み込んで支援していくことが求められる。さらに、元請企業が自ら技能労働者を直接雇用する、かつて最精鋭部隊と言われた「直用班」の復活も期待される。いずれにしても、建設生産の直接の担い手である技能労働者の雇用を安定させることに元請企業も従来以上に積極的にかかわっていかなければならない。

　ここで問題になるのは建設需要の変動であるが、受注の減少に対する調整弁として外注や日給・月給制に頼るのは結局非効率である。社員化すれば多能工化も可能であり、生産性を高めるためにも、社員化は必要である。

　現状の直用比率は一次下請で20％程度と言われており、余りに低い。一次、二次の下請企業は、直用比率倍増などの社員化の目標を設定し、元請企業は、前述した方策などでこれを支援するとともに、重層下請の改善を指導することが必要である。

　また、公共事業費の安定的な確保と発注の平準化を政府や公共工事の発注機関に求めるとともに、受注変動対策としては、専門業者

間のグループ化、中小企業の共同組合化、元請にあっては業務提携などが志向されるのが適切である。

⑺ **重層下請構造の改善**

　技能労働者の処遇改善を図るうえで大きな支障となっているのが重層下請構造である。

　日建連では、2014年4月の提言により、下請次数について、2018年7月までに可能な分野で原則二次以内を目指す目標を掲げて削減に取り組んでいる。

3．女性の活用

　女性の活用は、一時的な労働者不足の対策ではなく、女性の地位向上という時代の趨勢に追従するものでもない。建設業のイメージアップのためでもない。建設業は、女性の活用なくしては、担い手の世代交代を実現できない。これからの人材獲得競争の時代は、女性が普通に活躍できる産業や企業でなければ伍していけない。

　日建連では、2013年11月、中村会長が女性の活用に取り組むことを表明して以来、いずれ女性の活躍なくしては建設業が立ち行かなくなることを見越して、女性の活用に積極的に取り組んでいるが、2025年度には、現在の3倍以上の約30万人の女性技能者が活躍していることを新たな目標に設定し、積極的に取り組む。

⑴ **女性技能者の活用のための方策（日建連の取組み）**

　① **「女性技能者活用のためのアクションプラン」**（2014年3月20日）

　　　建設業で働く技能労働者のうち女性は3％にも満たない。製造

業等の他産業と比べて大変少ない状況にある。日建連では「5年以内に倍増を目指す」ことを目標にアクションプランを決定した。

> **【参考15】**
>
> ## 「女性技能者活用のためのアクションプラン」要旨
>
> 会員会社は、専門工事業者、協力会社などと連携しつつ、次の事項に積極的に取り組む。
> ① 建設業界には女性技能者が活躍できる職種が多数あり、女性の入職を歓迎することを積極的にアピールする。
> ② 現場において女性が「安心して使用できるトイレ」の設置などの環境整備に最大限配慮する。
> ③ 現場において時差出勤、帰宅制度などの出産や子育てをサポートするための制度を導入する。
> ④ 女性現場監督を拡充する。
> ⑤ 女性を主体とする「なでしこ工事チーム」などを設け活用する。
> ⑥ 協力会社が女性技能者を雇用・育成するための支援を行う。

② 愛称「けんせつ小町」とロゴマーク

　日建連では、女性の入職を歓迎することをアピールするため、建設業の現場で働く女性たちの愛称を公募し、「けんせつ小町」を決定した。また、そのロゴマークも決定し、各種の広報等で用いるほか、関係業界等で幅広く活用するよう呼びかけている。

【参考16】

愛称「けんせつ小町」とロゴマーク

けんせつ小町（2014年10月22日決定）

　ストレートに「建設」と、美しく聡明な女性を表現した「小町」の組み合わせは、建設業界の呼称として分かりやすく、時代に左右されない、また「けんせつ」はひらがな表記で、柔らかい雰囲気と親しみやすさを表現しています。「けんせつ小町」は、愛称募集を行い、2,940件の中から厳正なる審査を経て決定したものです。

ロゴマーク（2015年1月22日作成）

　「けんせつ小町」のロゴマークは、ヘルメットをオレンジ系の花びらに見立て、建設業で明るく活き活きと活躍する女性を表現しています。5枚の花びらは、建設業の重要なファクターであるQ（品質）、C（費用）、D（工期）、S（安全）、E（環境）に因んでいます。

③ 「なでしこ工事チーム」の登録

2014年8月から募集を開始し、第一号の「チームなでしこ外環田尻」を皮切りに、続々と結成・登録されている（2015年3月現在26チーム）。男性中心の建設現場において、女性技術者や技能者が一緒に職場環境の改善や仕事上の悩みの相談を行える場として好評であり、工事の施工に女性の視点が活かされることが期待される。

④ 女性が働きやすい環境整備マニュアル

安心して使用できるトイレの設置などの現場環境整備や出産、子育てをサポートする制度の導入などについては、「けんせつ小町が働きやすい現場環境整備マニュアル」を作成中である（2015年4月公表予定）。今後はこのマニュアルに沿って、発注者の理解を得て、環境整備を進める。

(2) 「もっと女性が活躍できる建設業行動計画」

国土交通省と日建連を含む建設業5団体は、女性技術者・技能者の5年以内の倍増を目指した10のポイントを内容とする行動計画を、2014年8月22日に決定した。

建設業界が取り組んでいる女性の活用と、そのための女性が活躍できる環境づくりは、安倍内閣の女性活躍推進の施策にも合致し、マスメディアにも大いに注目されており、大きなうねりになりつつある。

日建連は、口火を切った者として、女性が持てる力を存分に発揮できる建設業界に再構築するため、積極的に取組みを進めていく。このためには、女性技能者の意欲を高めることも必要であり、国土交通省、業界団体等が実施している各種の表彰制度で女性を積極的

に顕彰の対象とするとともに、建設マスターなどの資格制度について女性の積極的な取得を奨励する。

【参考17】

「もっと女性が活躍できる建設業行動計画」のポイント

1. 建設業界を挙げて女性の更なる活躍を歓迎
2. 業界団体や企業による数値目標の設定や、自主的な行動指針等の策定
3. 教育現場（小・中・高・大学等）と連携した建設業の魅力ややり甲斐の発信
4. トイレや更衣室の設置など、女性も働きやすい現場をハード面で整備
5. 長時間労働の縮減や計画的な休暇取得など、女性も働きやすい現場をソフト面で整備
6. 仕事と家庭の両立のための制度を積極的に導入・活用
7. 女性を登用するモデル工事の実施や、女性を主体とするチームによる施工の好事例の創出や情報発信
8. 女性も活用しやすい教育訓練の充実や、活躍する女性の表彰
9. 総合的なポータルサイトにより情報を一元的に発信
10. 女性の活躍を支える地域ネットワークの活動を支援

(3) けんせつ小町委員会

　日建連では、2015年4月から「けんせつ小町委員会」を労働委員

会から分離して設置する。

建設業における女性の活躍推進の取組みが世間の注目を集めている機会に、スピード感を持って諸対策を展開し、建設業における女性の活躍推進を一気に定着させるため精力的な活動を実施する。

(4) 意識改革

本章2(1)で述べたように、建設技能労働者の処遇改善を進めるには、建設業の生産体制、現場工程などの思い切った改善を要し、元請企業や専門工事業者が我がこととして積極的に取り組む姿勢を引き出すことが必要であるが、こうした課題は、女性の活用に取り組む上ではさらに高いハードルとなる。

女性が不快な思いをせずに済む職場環境の改善には当然ながら一定の経費を要するだけでなく、出産、子育てとの両立のためには、人事制度面の対応や、現場工程の組替え、勤務時間管理の弾力化、工期設定の見直しなどが不可欠となり、これらの対応には経費面に加えて、生産効率への影響も避け難い。

こうした女性活用のためのコスト増は、避けて通れないのが時代の趨勢であること、多年馴染んだ流儀が通用しなくなることを理解し、覚悟しなければならない。女性活用の最大のハードルは、建設業に携わる全ての者の意識改革であり、中でも現場の管理者や職長などの理解と思い切った取組みが欠かせない。

コスト負担は発注者に理解を求めるほかはないが、現場の生産効率については、ともかく先ず思い切った新しい方式に切り替え、その運用と反省の中から種々の改善を進めることで、女性の活用を生産効率の向上につなげねばならない。

4．多様な人材の活用

(1) 高齢者の活用

　人口減少社会では、元気な高齢者も貴重な戦力であり、建設業でキャリアを積んだベテランの退職延長が求められる。そのため年齢に拘らず、体力と意欲のある高齢者を大いに活用する工夫を考える必要がある。

(2) 若年層の離職防止

　建設業に入職した若者の離職率は非常に高く、新規学卒者で建設業に入職した者の3年目までの離職率は、高校卒で46.8％、大学卒で27.6％となっている（2010年3月卒業者－厚生労働省「新規学卒者の労働市場」による）。今後大量の新規入職者を確保する一方で若年層の離職防止も重要な課題である。その原因ははっきりしており、職業としての魅力以前に、処遇の悪さと将来が見通せないことである。

　そのため、処遇面の総合的な改善と雇用の明確化が必要であり、なかんずく休日の拡大は、若者の離職防止の最低限の条件である。

(3) 外国人技能実習生など

　外国人技能実習制度は、最長3年間、外国人を雇用関係のもとで、技能実習生として日本の産業・職業上の技能等を習得・習熟してもらい、帰国後その技能等を母国の発展に活かすことを狙いとするものである。また、2015年4月からは、2020年東京オリンピック・パラリンピック大会の関連施設整備等による当面の一時的な建設需要の増大への緊急かつ時限的な措置（2020年度に終了）として外国人

建設就労者受入事業（特定活動）が開始される。これらの制度は、我が国の建設企業が実習生などの出身国に進出することにも資するものである。

これらの実習生や就労者はいずれも就労できる期間が限定されており、基幹的な技能労働者として世代交代の対象と考えることはできない。

また、この外国人技能実習制度等については、外国人ならば安い賃金で活用できるという期待を持つ向きもあるが、国内の労働市場に悪影響を及ぼさぬよう、外国人建設就労者受入事業については、同一労働同一賃金の原則が定められている。

いずれにしても、国内の労働者の確保が難しくなっている原因を放置して、本来開発途上国に対する人づくりを通した国際貢献・国際協力を目的とする実習制度やオリンピックのための暫定措置による外国人労働者に頼るのではなく、既述してきたように、国内人材確保に本腰を入れるのでなければ、建設業の再生は望めない。

第3章　担い手の確保、育成

【参考18】

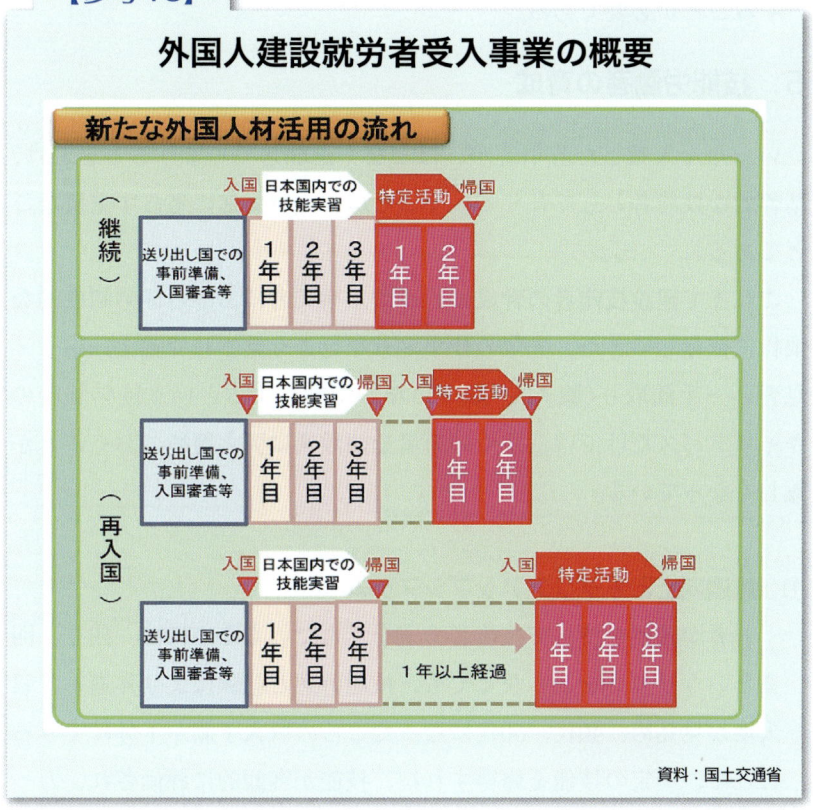

外国人建設就労者受入事業の概要

新たな外国人材活用の流れ

（継続）
入国 ▼ 日本国内での技能実習　特定活動　▼ 帰国
送り出し国での事前準備、入国審査等 | 1年目 | 2年目 | 3年目 | 1年目 | 2年目

（再入国）
入国 ▼ 日本国内での技能実習　▼ 帰国　入国 ▼ 特定活動　▼ 帰国
送り出し国での事前準備、入国審査等 | 1年目 | 2年目 | 3年目 | 1年目 | 2年目

入国 ▼ 日本国内での技能実習　▼ 帰国　　　　入国 ▼ 特定活動　▼ 帰国
送り出し国での事前準備、入国審査等 | 1年目 | 2年目 | 3年目 | 1年以上経過 | 1年目 | 2年目 | 3年目

資料：国土交通省

(4) 予備自衛官など

　自衛官確保の一環として、自衛隊経験者を予備自衛官として民間企業が雇用することが期待されている。対象となる人数は限られているが、自衛官は教育、訓練が行き届いており、建設業界としても、建設業に関連する技能を有する者については基幹要員として活用したい。
　そのほか、今後さらに産業間の人材の移動が活発になると思われ

るので、多様な人材を受け入れられるよう、柔軟な生産体制を工夫することが必要である。

5．技能労働者の育成

いったん入職した若年者が、ほどなく退職してしまうことを避け、基幹的な技能者として育てていくことは、入職促進に劣らず重要なことである。

これまで建設技能者の育成は、専門工事業者における徒弟制度的な慣行に依存してきた。先輩の仕事ぶりを見よう見まねで覚え、弟子・見習い→手間取り（職人）→親方となって独立するという徒弟制度のキャリアパスだけでは、多くの若者を建設業に引き留めておくことが難しくなっている。

(1) 処遇向上とキャリアアップシステム

若者が希望を持って技能者の道を歩んでいくためには、独立、開業というリスクをとらなくても、技能習熟と経験により昇進し、収入増が見込め、40代、50代になったころの収入予測が十分にできることや、一定の技能を修得すれば、技能が客観的に評価され、万一会社が倒産した場合でも、他の会社への就職の道が容易であること、さらには、年齢や障害等により現場作業が難しくなった場合でも、管理職あるいは若年育成担当等のポジションで働けることなどの環境が整っていることが必要である。

以上は技能労働者としてのキャリアアップであるが、技能者から技術者への転身の機会を拡大し、技能者と技術者のボーダレス化を図ることも必要である。技能者として技能に習熟し、後進の指導などを通じて現場管理に精通した技能者が、必要な資格を取得すれば、

技術者として活躍できる仕組みを用意することで、処遇の改善にもつながり、技能者の意欲を向上させるとともに、建設企業としては技術者不足を補うことができる。

(2) 技能者の教育・育成システム

　建設技能者の教育・育成機能に関しても、これまでの徒弟制度的な慣行から、他産業と同様、業界と各企業による育成システムが中心となる体制へと移行することが必要である。その基盤となるのが「技能・経験が適切に評価される仕組み」の構築である。

　新しい育成システムを形成するためには、富士教育訓練センター等の業界横断的な研修施設や各企業の教育・研修に関わる施設を、制度面を含め充実するとともに、各種の資格制度の整備、充実や企業ごとのマイスター制度の共通化等が求められる。また、各専門工事業団体が資格認定を行っている「登録基幹技能者」については、更なる有効活用を図っていくことが重要である。

　ただし、本ビジョンでは、第2章で述べたように、2025年度までに90万人の新規入職者が必要と見込んでいるように、大量離職、大量入職時代を迎えるので、その育成には従来の取組みの延長ではとても覚束ない。国の積極的な指導の下に危機感を持って取り組む必要がある。

　特にこれからは、各地域において、総合工事業団体、専門工事業団体、行政機関、職業訓練校、教育機関等関係者が一体となって地域ネットワークを形成し、担い手育成を支える仕組みを構築していくことが急務である。このため、2014年秋設立された「建設産業担い手確保・育成コンソーシアム」との連携のもと、富士教育訓練センター等の機能も活用しつつ、次代の担い手が、全国どこでも必要

な教育訓練が受けられるような体制を整備していくことが必要である。

【図表Ⅱ－12】新しい技能評価のあり方

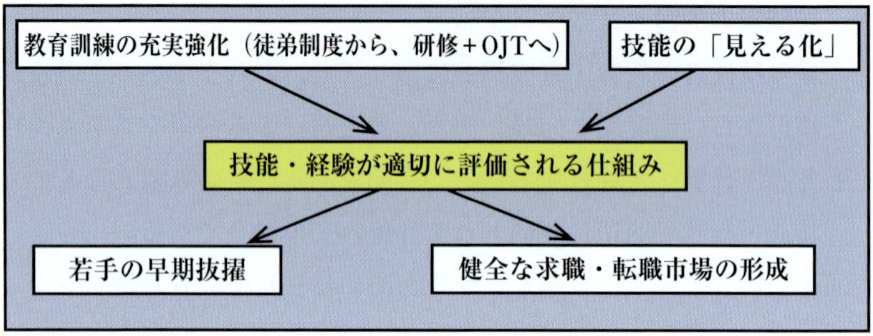

```
教育訓練の充実強化（徒弟制度から、研修＋OJTへ）     技能の「見える化」
                    ↓                              ↓
              技能・経験が適切に評価される仕組み
                    ↓                              ↓
            若手の早期抜擢              健全な求職・転職市場の形成
```

(3) 技能・就労管理システム（仮称）の構築

　新しい技能者育成システムのベースとして、技能の見える化と就労履歴の管理が必要である。各技能者の有している資格や研修歴、さらには就労履歴等の個人の技能レベルを客観的に把握できるデータが容易に把握、説明できるようになれば、技能や経験が適切に評価され、技能者の処遇改善に結びつけることが容易になる。

　また、各技能者の社会保険の加入状況や建退共制度に必要な就労履歴などのデータをこのシステムに取り込むことで、社会保険や建退共制度の加入促進や、外国人の不法就労の防止にも役立つことになる。

　このシステムには、情報の信頼性と個人情報の保護が必須であり、国が運用主体を認定し、指導、監督を行う一元的な技能・就労管理システム（仮称）の構築が急務である。

第3章　担い手の確保、育成

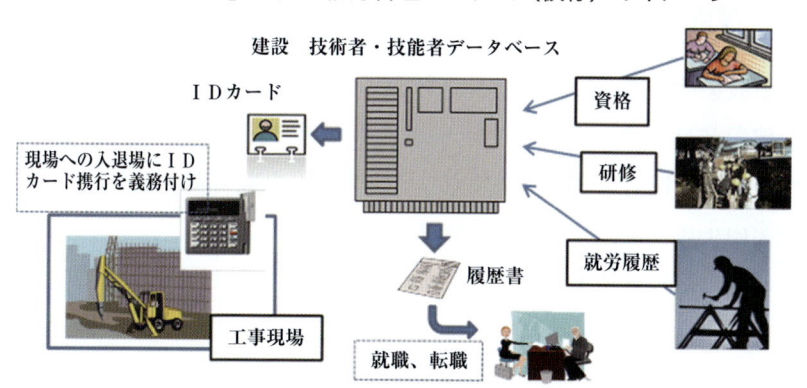

【図表Ⅱ－13】技能・就労管理システム（仮称）のイメージ

【参考19】

英国のCSCS（建設技能認定制度：Construction Skill Certification Scheme）

　英国の公的機関、元請団体、専門工事業団体、技能者組合、発注者団体等が共同して1995年に立ち上げた建設技術者、技能者の資格・技能認定システム。各団体が拠出して、技能者の資格・技能のデータベース管理とIDカード発行（有料）を行う非営利のCSCS社を設立。

　現在、約190万人の技術者・技能者が同社発行のIDカードを保有。主要元請の殆どの建設現場において、入場時のIDカード携行が義務付けられている。

　IDカードを読み取ることで、その技能者の取得資格、研修歴、所属、就労履歴等の閲覧が可能。また資格、熟練度に応じて発行されるカードの色が変わっていく仕組みとなっている。

6．技術者の確保

建設業は、まさに人が資本である。

建設業就業者の7割は生産現場の担い手である技能労働者であるが、3割は技術系と事務系のホワイトカラーと経営者であり、元請建設業の正規の社員は、殆どがホワイトカラーである。

建設企業のホワイトカラーである社員（以下6．において単に「社員」という。）、特に技術者の確保、育成の課題は、この章の1～5までに示した技能労働者に関する課題と共通するものが多い。

社員の確保、育成や処遇の在り方は、基本的には個々の建設企業の人事政策ないし労使間の交渉に委ねられるべき事項であって、本ビジョンが扱うべき事項は少ないが、建設業の再生と進化に向けて、建設企業が共通して取り組むべき幾つかの課題を示してみたい。

(1) 人材の確保

このところ学生の間では建設業の人気は芳しくないようで、建設企業に優れた人材を供給するはずの建築工学、土木工学などの教室でも建設企業の人気が低い傾向が続いており、特に中堅・中小企業では、将来を背負う技術者の確保に苦慮している。また、せっかく育ちつつある若手技術者が市町村などの公的機関に転職する事例が相次いでおり、技術者不足は技能労働者の不足以上に、総合建設業の経営上深刻な状況にある。

人材の確保は、公的機関を含む他産業や建設企業間の企業競争そのものであり、個々の企業が持てる力を総動員して企業の魅力を高めるしかなく、妙案はない。ただし、建設業という産業の魅力を高めることこそ重要であり、建設業がやり甲斐と生き甲斐のある産業

になり、変転する経済の中で安定感のある産業となることが肝要であって、これは全ての建設企業の責任である。

なお、社員の年齢構成に歪の著しい企業も少なくないが、それは社業が好調な時に大量採用し、不調な時は採用を控えるといったことを繰り返した結果であり、今後は、末永く国民に役立つ企業として成長する決意のもとで、計画的な採用姿勢を貫徹することである。

(2) 技術者制度の運用改善

日建連が行った会員企業アンケートによると、当面は建設市場の拡大を予測する企業が多い反面、市場は拡大しても自社の受注は増えないと見込む企業が少なくなく、その理由の多くが労働者以上に技術者の不足をあげている。

一定規模以上の工事を受注するには一定の資格を持つ監理技術者等の現場常駐が必要であり、資格のある技術者が不足すれば受注を拡大することはできない。

そのため業界の一部には、技術者制度、なかんずく監理技術者等の資格要件の弾力化を期待する声もあるが、技術者制度は建設業者の資質と建設工事の品質を確保し、発注者保護を図る建設業法の根幹であって、建設工事の技術が高度化する中での監理技術者等の資格要件の緩和は時代の進歩に逆行すると言うしかない。

ただし、技術者の専任の地理的、時間的な範囲については、建設事業の多様化等の状況をも加味した合理的な運用改善が求められ、発注者が指定する同種工事の経験要件についても、若手技術者の育成への配慮を願いたい。

【参考20】

技術者制度による市場競争の整序化

　50万社にも及ぶ許可業者数を擁する建設業は、供給過剰産業と言われて久しく、生産設備の能力が生産拡大のボトルネックとなり、過当競争の歯止めとなる装置産業などと違って、元請企業の安値受注による過当競争と受注拡大競争への歯止めがない。

　最近注目すべきは、技術者の不足から受注そのものを控える動きが出てきたことで、監理技術者等の現場常駐制度が受注拡大競争の歯止めとして機能するという、かつてない局面を迎えている。

　ところで、品確法は、過当競争による公共工事の品質低下を防ぐために建設市場の健全化を図る仕組みを設けており、また、建設会社の受注余力を勘案した発注ロットの選択も市場競争の整序に役立つと考えられる。

　そしてこれからは、公共工事の発注政策だけでなく、監理技術者の選任基準等について、有資格技術者の逼迫度合いに配慮した運用がなされれば、民間工事市場を含めて建設市場の健全化に資するのではなかろうか。

(3) 社員の処遇

　優れた人材を確保し、育成するには、給与をはじめ良い処遇と良い執務環境が必要である。企業が社員の処遇、とりわけ給与を改善することは、今後の就業人口の減少を見据えて好循環の経済の実現を目指すアベノミクスの基本政策であり、産業界もこれに呼応する姿勢を見せている。人が資本である建設業においても、こうした流れに乗っていかなければ、今後の人材獲得競争に伍して行けない。

社員の処遇についても、この章の1～5までに述べた技能労働者の処遇改善と方向性は同様であり、経営者と社員が同じ認識に立って取り組むことが基本と考えるが、ワークライフバランスという言葉に象徴されるように、社員が実り多い人生を過ごせるよう勤務形態を改善することが肝心である。建設業においてはなかんずく休日の拡大、特に工事現場での休日の拡大が急務であるとの声が業界関係者の間で急速に強くなっており、若者を確保する上でのキーポイントでもあって、早急な対応が必要である。

(4) **女性社員の活躍推進**

　日建連では、技能労働者の大量離職時代を目前に控えて女性技能者の思い切った活用策として2014年3月にアクションプランを作成したが、より基本的な取組みとして社員を含めた全ての女性の活躍推進を太田国土交通大臣が提唱し、日建連もこれに呼応して2014年8月に「もっと女性が活躍できる建設業を目指して―日建連の決意―」を理事会で決議した。

　その決議の中でも、女性管理職の3倍増はかなり大胆な決断であって、特に子育てと仕事の合理的な調整が不可欠であり、当然ながら女性社員の奮起が望まれるとともに、男性社員の意識改革も欠かせない。人事管理の面で一見女性優遇と見られるような措置もあり得ると思われるが、それに目くじらを立てるようでは建設業も建設企業も世間に置いて行かれる。

> **【参考21】**
>
> ## 「もっと女性が活躍できる建設業を目指して
> ―日建連の決意―」（2014年8月22日）
>
> 1. 日建連会員企業は、技術系女性社員の比率を5年間で倍増、10年間で10％程度に引き上げることを目指し、土木系、建築系などあらゆる職種で、意欲ある女性を積極的に採用する。
> 2. 日建連会員企業は、現在は30歳超の女性社員が非常に少ない社員構成のもとにあって、女性管理職を5年間で倍増、10年間で3倍程度に引き上げることを目指す。将来においては、管理職に占める女性の比率を3割にすることを念頭に、意識改革を促し、さらに女性役員の活躍を期待する。

7．経営環境の将来展望

　建設企業が技能労働者の雇用拡大やその社員化を進めるには、先々の経営環境、特に建設需要の見通しが必要となる。

　日建連が本ビジョンを作成し、建設業関係者に対し技能労働者の世代交代の取組みを呼びかけ、若者達に建設業が選択に値する職業であると呼びかけるのは、我が国の建設業が長いトンネルを抜け、将来の展望を描ける状況に至ったからである。

　第Ⅱ部で述べたとおり、10年後の2025年度の建設市場規模は横ばいないし微減と予測されと、第Ⅰ部で述べたように、21世紀中ごろに向けても、横ばいないし微増で推移すると見込まれる。

　こうした予測を信頼するかしないかは企業の判断であり、市場規模の予測に拘わらず、個々の企業が置かれた経営環境によっては慎重な

姿勢を取るのも一つの経営判断であるが、だからと言って技能労働者の世代交代やそのための処遇改善を躊躇してはいられないのが、現下の建設業の厳しい状況である。技能労働者の社員化は、受注が減少した場合が心配であるが、現状の直用比率は余りに低く、もっと積極的に社員化を進める余地は十分にある筈である。

　オリンピック以後の公共投資については、国土交通省も与党も、公共事業費を安定的に確保する姿勢を鮮明にしている。民間投資については、経済の好循環を目指すアベノミクスの成否にかかっているとも言えるが、産業界には積極姿勢が見え出しており、日本経済の底力を信じたい。

　いずれにしても、技能労働者の大量離職時代が間もなくやって来る。

【参考22】
1964年東京オリンピック後の建設需要

　建設業関係者の中にも、前回1964年の東京オリンピック後には景気が停滞し、建設需要も減少したという思い込みが多分にあるようだが、そうした感覚こそがデフレマインドのなせる業であり、オリンピックの翌年1965年度にはGNPは10％程度、建設投資は6％程度増加し、以後一気に高度経済成長に突入したというのが歴史的事実である。

第Ⅱ部　2025年を目指して建設業は再生する

第4章　たくましい建設業再生の道筋

　2025年までの10年間は、長く続いたデフレにより疲弊した建設業を再生し、後世にわたって国民の負託に応え、世界に貢献できるたくましい建設業を再生するために逃すことのできない貴重な機会である。
　本ビジョンでは、そのための道筋として次の4点を提示する。
① 担い手の世代交代の実現
② 建設生産システムの合理化
③ 健全な市場競争の徹底
④ 建設業への国民的理解の確立
　このうち①については第2章および第3章で詳述したので、本章では②〜④を以下のとおり提示する。

１．建設生産システムの合理化

　今後、我が国の生産年齢人口の減少が進み、厳しい人材獲得競争の時代に突入すれば、いかなる産業においても高い付加価値を実現できなければ、勤労者に適切な分配を確保しつつ企業が成長することはできない。そのため、技術開発や生産システムの合理化などによる生産性向上は絶対に欠かせない。
　日建連と会員企業は、第Ⅰ部第3章2に述べた基本的な考えに立ち、今後10年間に以下のような生産性向上の諸施策を推進し、たくましい建設業の再生に取り組んでいく。

(1) 建設生産システムの合理化
　① **新技術の活用**
　　ア　今後はリプレース、リニューアルの需要が拡大し、インフラ長寿命化やライフサイクルコストを低減する技術が求められる。施設を供用しながら更新できる工法、鋼構造物の腐食防止・コンクリートの被覆補強の技術など維持更新に関わる工法、技術においてより効率的なものの開発が望まれる。
　　イ　今後ますます重要性が増す環境に関する分野では、建設廃棄物の再資源化や縮減化の技術をはじめ、地球温暖化対策として温室効果ガス排出削減など環境性能の高い建築物が求められる。この場合最も効率的に削減対策を盛り込めるのは、建築物の企画、設計段階であり、いわゆる川上段階での取組みの強化が必要である。
　　　　さらに、原子力発電所のデコミッショニング（廃止措置）に関する技術開発も急がなくてはならない。
　　ウ　首都直下地震や南海トラフ地震など近未来に発生が予測される地震などによる被害を軽減するため、建築物の耐震化は急務である。約73億㎡と見込まれる既存建築物の約3割は未だ1981年の新耐震基準に合致していない。特に学校や病院などの耐震補強を円滑かつ経済的に行う技術や工法が求められている。また、東日本大震災のガレキ処理において蓄積した災害廃棄物の処理に関する技術の深化も必要になろう。
　　エ　エネルギー問題への対処の一つとして海洋開発も大きなテーマである。洋上風力発電や潮流、波力、海水の温度差を利用した発電のための施設のほか、メタンハイドレードなど海底鉱物資源を開発するための施設を建設する技術なども開発が急がれ

る。

② **新たな省人化技術の活用**

ア 現場作業を軽減するためには工場生産品の活用が有効であり、プレキャスト工法(注1)の活用を拡大していくことが必要である。例えば、道路構造物や鉄道構造物のうち高架橋や橋梁の更なるプレキャスト化等が考えられる。このため、公共工事におけるプレキャスト製品の標準設計化が望まれるほか、様々な現場においてプレキャスト製品を活用するための更なる工夫が必要である。

イ ロボット技術、準天頂衛星を活用した精密測位技術、精密なセンサーやカメラ技術等の先進技術を建設現場に適用して建設機械の遠隔操作や自律制御などの機械の自動化を進めなければならない。さらに作業員支援の装着型ロボットだけでなく、ロボットそのものによる建設作業の代替化も進めなければならない。

ウ 現場における待ち時間や手戻りが少ない段取りの良い施工を進めるためにICTの活用を進め、工程の進行状況を的確に把握するとともに、元請下請間で情報を共有し作業員が効率的に労働できるように、あるいは資材や設備が無駄なく行き渡るようにする必要がある。

エ 構造物の設計段階、施工段階を通じてのBIM／CIM(注2)の活用により、設計図、施工図、製作図の整合性の向上、作図とチェック業務の効率化、設計図書、工法の理解度の向上、施工手順の見える化による生産性の向上も期待される。

（注１）プレキャスト【precast】工法
　　　　コンクリートは通常、現場で型枠に合わせて成型するが、プレキャスト工法では、工場で事前に成型されたコンクリート部材を現場でつなぎ合わせる。
（注２）BIM【Building information modeling】
　　　　CIM【Construction information modeling】
　　　　設計や施工を進めるためにコンピューター上に構造物の３次元モデルを構築すること

(2) 設計や契約等における合理化

ア　効率的な施工を実現するには、元請企業の総合力が最大限発揮できる「設計施工一貫方式」や「建築・設備総合施工方式」が適していることは言うまでもない。この方式のメリットを広報し、発注者にこのような方式を採用してもらえるよう、普及に努めなければならない。

イ　特に、民間建築工事の請負契約においては、長年続いたデフレ経済のもとで価格や工期のみならず契約条件においても劣化が進み、請負者が契約上の過大なリスクを負担するケースが多くなっているので、こうした契約の片務性の解消によるリスク負担の軽減も不可欠である。

ウ　さらに、深化が進んでいる重層下請構造について、生産性向上の観点からも点検し、日建連が目標としている原則２次までに向けて不要な下請次数を削減していく必要がある。

エ　新たに開発された技術が建設現場で活用されるには、公共工事において採用されることが大きな意味を持つが、採用の可否についてのリスクが大きい。このため、チャレンジングな技術開発についてはリスクを軽減するための仕組みが求められる。

2．健全な市場競争の徹底

　建設業がデフレ経済のもとでこれほどまでに疲弊したのは、供給過剰の業界構造のもとで元請企業が過剰な価格競争を続けたことが主因であった。今後とも建設需要の変動はあろうが、その中にあっても建設企業が健全な市場競争に徹することが何よりも求められる。

(1) コンプライアンスの徹底

　我が国の元請建設業には、公共工事市場において、かつて談合や発注者等との不明朗な慣行が根深く、広範に存在し、違法行為も繰り返し発生して、国民の信頼を大きく損なった忌まわしい歴史がある。こうした過去の慣わしを改めることには、幾たびも取り組んできたが、2006年4月に旧日本土木工業協会がいわゆる「訣別宣言」（「透明性ある入札・契約制度に向けて—改革姿勢と提言—」）を決議するに及んで、ようやく建設業界全体の体質を正すことができた。

　建設業にとって公正な市場競争が国民に信頼される絶対の前提であることは、業界の末端まで浸透できたとは認識しているが、今でも、独禁法に関わる事案が散見されるのは、誠にゆゆしいことである。こうした行為の背景として、業界の過剰供給構造のもとではやむを得ないという意識がまだ残っているとすれば問題であって、日建連はじめ元請建設業団体も建設企業も、建設業界における市場競争の在り方そのものについての意識と覚悟を全社員に徹底させなければならない。

(2) ダンピングの防止

　上記のように過去の慣行と決別した後は、公共工事市場は著しく

混乱し、相当極端な安値受注が横行した。

　こうした事態に対しては、日建連でも適正な受注活動に徹するよう再三にわたって会員に呼びかけを行い、公共工事の品質低下を懸念した国土交通省もダンピング防止の種々の措置を実施し、改正品確法の成立に及んでようやく公共工事市場の混乱は収束しつつある。

　一方、民間工事市場については、バブル崩壊以降、建設価格の低下が進み、特にリーマンショック以降はダンピングが常態化していたが、近年になって、建設需要の反転と技能労働者の逼迫などから、建設企業の受注姿勢が一変している。

　このように公共工事市場、民間工事市場ともに正常化しつつある状況に自信を持ち、建設企業は需要の停滞、減少局面においても節度ある市場行動に徹し、健全な市場を保つ決意が必要である。

　特に民間工事市場においては、節度ある市場行動として、価格面だけでなく、適正な工期の設定と、適正な契約条件を守り、技術と施工力とブランド力による総合的な力で競争することが必要である。

3．建設業への国民的理解の確立

(1) 建設業への信頼の確保

　建設業に対する国民各層の理解を高めることは、建設業界の積年の悲願であると言える。そのためには、先ず、建設業への不信感を払拭し、国民に信頼される建設業になることである。

　かつての高度経済成長が過ぎた時期から、公害の深刻化などを背景に開発優先の国政運営への批判が高まり、その担い手である建設業についてもマイナスイメージが定着した。その上に、1980年代か

らいわゆる談合問題が世間を賑わせ、1990年代には一部の有力企業を含め建設企業の経営危機が相次ぎ、いわゆるゼネコン危機を招来した。こうした中で建設業、中でもゼネコンの評価はまさに地に落ちて、特に理由もなしにゼネコン批判さえすれば尤もらしく聞こえるといった空気が有識者から政治家にまで蔓延してしまった。その極め付けが「コンクリートから人へ」である。

建設業界は、身から出た錆であることを自覚し、失墜した信頼の回復に大手から中小まで精一杯努めてきた。コンプライアンスの徹底はもとより、公益事業への寄付、地域での清掃美化活動やイベントへの参加など社会貢献活動にも積極的に取り組んでおり、そして何よりも顧客満足度の向上を第一義としてきた。

日建連においても、1993年以来、「日建連等企業行動規範」を定め、会員企業はこれを順守して透明性の高い運営に徹している。

こうした一つ一つの努力の積重ねによって、近年では建設業に対する国民の不信感はかなり和らいできたと感じている。マスコミの報道にも、ひと頃のようなトゲは少なくなったと感謝している。

このような意味での建設業への国民的理解の確保は、まだ引け目が残る建設人のモチベーションを高めるために不可欠であり、一方で、公共事業予算への感覚的な抵抗感をなくすためにも必要である。

今後さらに国民への誠意ある呼びかけが欠かせない。

(2) 建設業の魅力の発信

建設業への国民的理解の確保を求めるもう一つの意味は、建設業が厳しいだけでなく、夢とやり甲斐のある誇りの持てる職業であることを若者とその家族に分かってもらい、意欲を持って建設業の門を叩いてもらうことである。

建設業は、新聞やテレビでの広告が売上げにつながる業態ではなく、そのため国民の目には地味な産業であるが、人が何処にいても目にする物は建設業が造った物であり、その特質を生かせば建設業の役割や魅力は伝えることができる。

　建設業の厳しさと見られる要素のうち、体力面や安全面は大いに改善されており、様々な機会にこのことを強調し、3Kイメージを払拭する。

　問題は、賃金、社会保険、雇用形態、休日などの処遇面で、その実態の改善に積極的に取り組んでいる姿を広報することである。

(3) 積極的な広報展開

　国民各層への呼びかけのための努力と工夫には尽きせぬものがあるが、一例として、次のような取組みを進めたい。

① 　広報誌の発行、見学会の開催などの活動について、コンテンツを絞って、重点的かつ関係方面と連携した取組みを推進する。

　中でも、2002年度から旧土工協で始まった「100万人の市民現場見学会」の招待者は、既に250万人を超えており、今後は「1千万人の市民現場見学会」としてさらに活発に展開する。

② 　女性が活躍できる建設業を目指す「けんせつ小町」のキャンペーンは、3Kイメージの払拭につながる盛り上がりをみせており、こうした従来の固定観念にとらわれない新たな取組みにより、未来に羽ばたく建設業を発信する。

③ 　建設企業と建設技術者、技能労働者の世間への露出度をもっと向上させたい。そのため、工事に関わった技術者、技能者の銘板を建造物に表示することを施工者側から発注者に働きかける。また、マスコミ等に対し、特色のあるプロジェクト等の積極的な紹

介やプロジェクト発表時等に施工業者名を明示してもらうことなどを要請する。

④　近年の大災害の多発により自然災害の防止と災害からの復旧・復興の重要さに国民が目覚めており、建設業は本ビジョンにより応災活動全般を担う決意をしたことを国民に評価していただけるよう訴求する。

⑤　国民の安全・安心を支える防災施設の整備や、国民生活の利便性の向上と産業活動の活性化に資する社会資本の整備についての提案、さらに、これらの施設の整備が国民にもたらす様々な便益について、国民と政府に対し、建設業の経験と知見に基づいて発信する。

⑥　近年、建設業に対する世論の風当たりは次第に和らいできたが、今でも時として従来型の批判や、無理解、誤解に基づく主張を目にすることがある。

　建設業は、とかく揚げ足を取られるのを恐れ、主張を控える傾向が強かったが、そうした消極姿勢を改め、これからは建設業界の実情とスタンス、さらに認識と信念をを臆することなく主張していく。

補 説

日建連の今後の活動

1．日建連の役割

　日建連は、会員企業はもとより建設業に携わる多くの関係者とともに、建設業の体質を抜本的に再構築し、国民の負託に応えられるたくましい建設業に再生するための活動を、業界の先頭に立って強力に推進する。そのための主要な事項は、次のとおり。

- 会員企業の事業活動や企業経営上の共通課題に関する調査・研究を行い、会員企業のレベルアップを図るとともに、政府等の政策課題に関する調査・研究を行い、政府や国民に向けて政策提言を行う。
- 発注機関等との意見交換を行い、発注政策、入札・契約システム等の改善、合理化を働きかける。
- 政府の政策展開や経済情勢等に関する会員への情報提供を行うとともに、研修、セミナー等を通じ、建設産業政策、発注政策等の動向や重要課題に関する日建連の姿勢等についての会員企業の認識を深める。
- 建設業の健全な発展に向けた業界の課題と取組みについて、業界団体、労働団体等に対し連携と同調を呼びかける。
- 建設業の健全な発展に向けた日建連の取組み等についてマスコミに向けた情報発信を行うとともに、機関誌の発行、現場見学会の開催等を通じて建設業に対する国民的理解の向上に努める。
- 本ビジョンの検証とフォローアップを行い、建設業の再生と進化を推進する。

補説　日建連の今後の活動

2．日建連支部の役割

- 日建連本部との連携を密にし、地域における会員企業の事業活動の活性化を図るとともに、産官学との連携窓口として、地域の発展に貢献する。
- 各地域に根差した諸課題について、調査・研究を行い、関係機関との意見交換や政策提言、要望を行う。
- 建設業の役割と業界の活動状況を地域に紹介するとともに、各地域における建設業の動きをマスコミ等に発信する。
- 関係行政機関との連携のもとに災害対応体制を整え、被災時には支部会員が連携と役割分担により先ずは応急対策に当たる。

3．各委員会における主要課題一覧

委員会	主要課題
復旧・復興対策特別委員会	○復興工事の円滑な施工確保 ○今後の災害廃棄物処理のあり方
電力対策特別委員会	○除染事業、中間貯蔵施設整備等の円滑な施工 ○原子力発電所の廃炉措置や高レベル放射性廃棄物の最終処分等への技術的課題の克服 ○再生可能エネルギー事業に関する多様なハード・ソフトの充実
総合企画委員会	○建設業と建設企業のあり方 ○長期ビジョンの検証とフォローアップ
労働委員会	○技能労働者の人材確保・育成に関する諸課題の解決促進 ○重層下請構造の改善
けんせつ小町委員会	○女性の更なる活躍の推進

災害対策委員会	○会員企業のBCP策定率向上とBCMへの転換 ○大規模震災対策 ○指定公共機関としての災害対応力の強化
広報委員会	○建設業への国民的理解の確立に向けた効果的な発信のあり方
国際委員会	○国際展開の推進とリスク対応の強化（海建協連携）
都市・地域政策委員会	○大都市圏における高機能化の推進に関する研究、提言 ○地方圏におけるコンパクトシティの推進に関する研究、提言
会計・税制委員会	○会計制度の検討・提言 ○税制改正に関する検討・提言
安全委員会 公衆災害対策委員会	○安全・安心に働くことができる職場環境の整備 ○労働災害・公衆災害撲滅のためのハード・ソフトの開発 ○現場において安全を最優先する安全文化の醸成
鉄道工事委員会	○建設現場の省力化・効率化と品質の確保 ○鉄道固有技術の承継・向上 ○国土強靭化に向けた鉄道路線強化の研究
鉄道安全委員会	○鉄道工事現場の事故防止活動の推進
環境委員会	○低炭素社会実行計画の策定・推進 ○循環型社会形成の推進
公共工事委員会	○安定的、継続的な公共事業費の確保 ○公共工事の円滑な実施 ○生産性向上の取組み
公共積算委員会	○工事の採算性改善 ○積算の効率化に向けた取組み ○資材調達効率化への取組み
公共契約委員会	○多様な契約方式に関する調査、導入への取組み ○建設生産システムの合理的改善
インフラ再生委員会	○安定的、継続的な公共事業費の確保 ○大規模更新事業に関する課題の検討 ○無人化およびロボット化技術の開発、活用に向けた取組み

補説　日建連の今後の活動

土木工事技術委員会	○コンクリート施工技術の向上と効率的なメンテナンスの研究 ○建設産業への理解や関心の向上 ○新工法、新技術の開発、現場での活用 ○ICTを活用した施工管理の省力化
電力工事委員会	○電力施設の建設需要への対応、新技術の開発・活用
海洋開発委員会	○羽田空港の高度化に関する調査、研究 ○新たな海洋産業等の創出支援
建築設計委員会	○多様な建築生産システムの普及促進 ○環境配慮設計等の推進
建築生産委員会	○建築施工、建築設備、建築関連IT技術に関する省力化、効率化、高度化
建築制度委員会	○公共建築工事の円滑な施工確保のための国土交通省との定期的な意見交換の実施 ○民間工事における対等な契約関係の確立
建築技術開発委員会	○多様な建築ニーズや建築物に対する社会的要請に応える新技術の研究、開発、改善
住宅委員会	○住宅に関する諸課題への対応
優秀建築表彰委員会	○BCS賞の広報活動の深化、拡充

資 料

1. 労務賃金改善等推進要綱（平成25年7月18日）……………… 107
2. 「建設技能労働者の人材確保・育成に関する提言」
   のポイント（平成26年4月18日）………………………… 112
3. 社会保険加入促進要綱（平成27年1月19日）……………… 114
4. 日建連における女性活躍推進の経緯………………………… 120
   4−1．女性技能労働者活用方策（概要）（平成26年3月20日）… 121
   4−2．女性技能労働者活用のためのアクションプラン
          （平成26年3月20日）………………………………… 132
   4−3．もっと女性が活躍できる建設業を目指して−日建連の決意−
          （平成26年8月22日）………………………………… 133
5. 会員企業アンケート結果
   （期間　平成26年10月8日〜11月30日）………………… 135

1．労務賃金改善等推進要綱

$$\begin{pmatrix} 平成25年7月18日 \\ （一社）日本建設業連合会 \end{pmatrix}$$

　わが国の建設業は、多年にわたり建設需要が縮小する中で、安値競争を余儀なくされ、元請企業も下請企業もスリム化とリスク分散を強いられたことから、下請構造の重層化と技能労働者の処遇の低下が進行し、特に賃金水準の著しい低下は、新規入職者の減少と技能労働者の高齢化を招いており、技能労働者の枯渇から建設業の存立が危ぶまれる事態に立ち至っている。

　日建連は、こうした危機感から、平成21年5月以来、技能労働者の確保、育成に向けてその処遇改善に取り組んできたが、折しもリーマンショックによる景気の悪化、国内産業の空洞化による設備投資の激減、民主党政権下での公共事業費の急激な切り下げなどの経営環境の急激な悪化に阻まれ、十分な成果は得られていない現状にある。

　一方で、東日本大震災の復旧、復興事業を契機に一部で労務賃金が急上昇するという新たな局面を迎え、国土交通省は平成25年度の公共工事設計労務単価の大幅な引上げを実施したが、この措置を労務費の高騰に苦しむ元請企業や下請企業の救済策とのみ安易に受け止めてはならない。大震災に伴う労賃の上昇と公共工事設計労務単価の引上げは、技能労働者の処遇を改善し、建設業の将来を取り戻す、建設業再生のラストチャンスと捉え、これを契機に業界あげて技能労働者の処遇の改善を実現し、定着させねばならない。

　このため日建連としては、下記のとおり、労務賃金の改善を下請企

資　料

業に要請する措置を実施するとともに、改めて重層下請構造の改善を含め、技能労働者の確保、育成に向けた総合的な取組みの推進を決意し、併せて関係方面への要請をとりまとめた。

　もとより、労務賃金の額は、技能労働者を雇用する下請業者がその責任において決定すべきものであり、実際の労務賃金は、元請企業とは契約関係のない下請業者から支払われるのが常態であって、元請企業には容易に手の届かないものであるが、元請企業としても可能な限りの手立てを尽くす努力が必要である。

　なお、建設業の技能労働者の賃金水準は全産業平均を2割以上も下回る異常な状況にあり、今回の公共工事設計労務単価のような15％程度の労務賃金の改善では、いまだ他産業に及ばない。建設業における技能労働者が誇りと希望をもって国民の資産の形成と保全に貢献できるようになるには、更なる処遇の改善と充実が不可欠であり、今後とも弛まぬ努力を続けることが建設企業の使命である。

記

第1　適切な労務賃金の支払いの要請

　日建連会員企業は、公共工事設計労務単価が適用される公共工事（以下「本件対象工事」という。）について、次の措置を行うものとする。

① 一次下請への見積り依頼時に公共工事設計労務単価を交付し、その引上げの趣旨にかなう適切な契約を締結する。

② 技能労働者に対し、社会保険料等の個人負担分を含め、公共工事設計労務単価の引上げの趣旨にかなう適切な賃金が支払われるよう、一次下請に要請する。

また、直接の契約関係がない二次以下の下請企業に対しても、一次下請等を介して、公共工事設計労務単価の引上げの趣旨にかなう適切な賃金が支払われるよう要請する。
③　上記①及び②の取組みの具体的な実施方法として、別紙－1のとおり実施要領を定める。

第2　労務賃金の状況調査の実施
　　日建連会員企業は、技能労働者の賃金水準の改善状況を把握するため、平成25年度及び26年度における本件対象工事について定期的に労務賃金の状況等の調査を行うものとし、その具体的な実施方法として、別紙－2のとおり実施要領を定める。

第3　社会保険等加入促進
　　平成25年度の公共工事設計労務単価の引上げは、社会保険料等の個人負担分を含むものであり、適切な労務賃金の支払いの要請と合せて、「日建連社会保険加入促進計画」（平成24年4月）に則り、社会保険等への加入を確保するための対応を行うものとする。

第4　適正な受注活動の徹底
　　日建連会員企業は、近年における厳しい受注環境の下での低価格受注の多発が今日のような労務賃金の著しい低下を招いた一因であることを真摯に受け止め、平成25年4月25日付け理事会決議の趣旨を踏まえ適正な受注活動に徹するものとする。

第5　民間工事における取組み
　　上記1の取組みは、公共工事設計労務単価が適用される公共工事

について実施するものであるが、労務賃金の水準は、当然ながらそれ以外の公共工事や民間工事にも波及するものであり、これらの工事についても適切な水準の労務賃金を確保する取組みが不可避となる。そのため、特に民間工事の発注者に対して適切な理解と協力をお願いする取組みを行う必要がある。

第6　重層下請構造の改善

　建設工事における重層下請構造は、分業形態として合理的な面はあるものの、近年、受注環境の悪化と先行きの不安から更に重層化が進行し、技能労働者の処遇の低下を招いたことも否定できない。重層下請構造の改善は、もとより専門工事業界の取組みに負うところが大きいが、日建連会員企業としても、改めて重層下請構造の改善に取り組むこととし、工事種別や職種別に改善の必要性と可能性を検証し、5年後を目途に可能な分野で原則二次まで（設備工事は三次まで）の実現を目指す。

第7　技能労働者の処遇改善の総合的な取組み

　日建連は、去る平成21年5月に「建設技能者の人材確保・育成に関する提言」を行い、賃金の改善をはじめ6項目の処遇改善策を会員企業の取組みの指針としてきたが、更に労務賃金の改善と社会保険等加入促進の取組みを含めて同提言の充実を図り、総合的な取組みを進めるものとする。

　もとより、わが国の建設業における技能労働者の処遇改善は、建設業界の努力のみならず、行政や官民の発注者、更に国民の理解が欠かせない困難な課題であり、十分な成果を得るには多くの日時が必要である。このため、今後の進展状況や諸情勢の変化に応じ、上

記1の措置の見直しや、上記2の調査の延長を含め、現実的で合理的な取組みを進めたい。

第8　関係方面への要請

① 　労務賃金の改善は、わが国建設業の健全な発展に欠かせない取組みであり、日建連会員企業はもとより、全ての元請企業と下請企業に対し適切な理解と積極的な取組みを要請する。

　　特に、重層下請構造の改善については、専門工事業界における業界構造と企業体質の改善が求められるので、元請企業においては真摯に取り組む下請企業への配慮を要請する。

② 　労務賃金の改善は、わが国建設業の健全な生産力を維持し、将来ともに国民に良質な資産を提供するために欠かせない取組みであり、官民の建設工事の発注者には、適切な発注金額や適切な工期の設定など、ご理解とご協力を要請する。

③ 　国、地方公共団体、独立行政法人等の公共工事の発注者には、技能労働者の処遇改善を念頭に置き、低価格受注の防止に資する入札契約システムの整備や、より根本的には公共事業の平準化を要請する。

④ 　国土交通省などの建設業の健全な発展を所管する行政庁には、技能労働者の確保、育成や、重層下請構造の改善などに関し、全ての建設業者に対する積極的なご指導がなされるよう要請する。

以　上

資料

2.「建設技能労働者の人材確保・育成に関する提言」のポイント

$$\begin{pmatrix}平成26年4月18日\\（一社）日本建設業連合会\end{pmatrix}$$

　建設投資が増加に転じ、デフレスパイラルが逆に回り出した今こそ、「たくましい建設業」の復活を図るために、適正な受注活動の実施、適切な価格での下請契約の締結等の徹底により、以下の提言に基づき、技能労働者への適切な賃金水準の確保、社会保険加入に必要な法定福利費の確保等を推進し、建設技能労働者の人材確保・育成を図っていかなければならない。

1．建設技能労働者の賃金改善
- ・建設技能労働者の年間労務賃金水準が、全産業労働者平均レベル（約530万円）となるよう努める。
- ・具体的には、20代で約450万円、40代で約600万円を目指す。

　　　　　　　※具体的金額は平成24年賃金構造基本統計調査結果より試算。

2．重層下請構造改善
- ・重層下請次数について、平成30年度までに可能な分野で原則二次以内を目指す。
- ・平成26年度中に（段階的な）次数目標を設定し取組む。

3．社会保険未加入対策の推進
- ・平成29年度までに下請会社について100％加入、労働者単位では

製造業相当の加入を目指すとともに、平成26年度中に原則として全ての工事において一次下請会社を社会保険加入業者に限定する。
・適正な受注活動等により技能労働者の社会保険加入に必要な法定福利費を確保する。

　　　　　　　　※社会保険とは雇用保険、健康保険及び厚生年金保険をいう。

4．作業所労働時間・労働環境の改善
・作業所の全日曜日の閉所、土曜日の月2回閉所を目指す。
・「適正工期の確保」に向けて、関係方面に対して強力な働きかけを行う。

5．建設業退職金共済制度の拡充
・民間工事での適用について、各層下請会社と協力しつつ一定負担に応じ、その完全実施を目指す。

6．技能の「見える化」の推進
・就労管理システム（仮称）構築に取組み、技能の「見える化」を推進する。

7．技術の継承に対する支援
・国土交通省等が提唱する総合的な教育訓練体系の構築に積極的に参加し、その中核的なセンター機能を担う富士教育訓練センターの充実・強化のための支援を行う。

資　料

3．社会保険加入促進要綱

$$\begin{pmatrix} 平成27年1月19日 \\ （一社）日本建設業連合会 \end{pmatrix}$$

　我が国の建設市場は、東日本大震災復興工事の本格化や国土強靱化に向けた事業の拡大、アベノミクス効果による民間需要の増加などにより、平成22年度を底に回復基調にある。建設市場が過去の縮小局面から好転した今こそ、健全な建設産業へと再生する貴重なチャンスとして、この機会に建設業界を挙げて建設技能労働者の処遇改善を促進し、将来の担い手の確保・育成につなげていかなければならない。

　国土交通省では、公共工事設計労務単価を二度にわたって引き上げ、また社会保険[1]加入対策を進め、平成29年度を目途に企業単位では加入義務のある許可業者の加入率100％、労働者単位では製造業相当の加入[2]という目標を掲げている。さらにはいわゆる担い手三法[3]の改正に基づく「公共工事の品質確保の促進に関する施策を総合的に推進するための基本的な方針」等を制定するなど、建設業における担い手確保・育成のため建設技能労働者の処遇改善に向けて積極的に取組んでいる。

　日建連においては、建設技能労働者の処遇改善には社会保険未加入対策が不可欠であるとの認識の下、平成24年4月に他団体に先駆けて「社会保険加入促進計画」を策定し、社会保険加入促進に積極的に取組んできたところである。

　国土交通省が目標年度とする平成29年度までの5年のうち、既に半分が経過した現在、社会保険の公共事業における加入率[4]は企業単

114

位で90％、労働者単位では62％と加入状況に改善はみられるものの、民間事業についてはこれよりも相当低い状況にあると想定され、さらには地域、職種による格差が大きいなど、依然として芳しい状況にはなっていない。また、政府の経済財政諮問会議において民間議員から、建設技能労働者の社会保険の加入率は極めて低く、こうした労働環境の是正を早急に進めるべきであるとの指摘がなされたところである。

こうした状況から、日建連は担い手確保・育成対策の一環として、下記の通り新たに「社会保険加入促進要綱」を策定し、平成29年度以降に工事現場における全ての労働者が社会保険に適正に加入していることを目標として、これまでの取組みをさらに加速させることとした。

もとより、社会保険への加入を促進するためには、行政、元請企業、下請企業等の関係者が一体となってそれぞれの役割を果たすことが肝要であり、日建連会員企業は、建設業界のリーディングカンパニーとして、足並みをそろえ本要綱に基づき積極的に取組むものとする。

※1　社会保険とは雇用保険、健康保険及び厚生年金保険をいう。
※2　雇用保険で92.6％、厚生年金保険で87.1％。(「建設産業の再生と発展のための方策2011」の資料より)
※3　担い手三法とは品確法（公共工事の品質確保の促進に関する法律）、入契法（公共工事の入札及び契約の適正化の促進に関する法律）、建設業法をいう。
※4　加入率は国土交通省「公共事業労務費調査（平成25年10月調査）における保険加入状況調査の結果」による。

記

第1　適正な受注活動の徹底

日建連会員企業（以下「元請企業」という。）は、従来のデフレ経済の下での低価格受注の多発が労働者の劣悪な処遇を招いたことを真

資　料

摯に受け止め、発注者との契約において、適正価格での受注、適正工期の確保、適正な契約条件の確保を徹底する。

第2　受注時における適正な法定福利費※の確保

　元請企業は、第4により内訳明示された適正な法定福利費を確保し、企業及び労働者の社会保険加入を促進することの重要性を踏まえ、発注者に対して、法定福利費を適正に計上した金額による見積及び契約締結を徹底する。

第3　社会保険加入の徹底

(1)　一次下請企業について

　　元請企業は、一次下請企業に対して、元下契約時等において企業単位及び労働者単位で社会保険への適正な加入を徹底するよう指導するとともに、契約後に加入状況を確認し、未加入の場合は適正な加入を徹底するよう指導する。

(2)　二次以下の下請企業について

　　元請企業は、二次以下の全ての下請企業に対して、一次下請企業等を介し再下請負契約時等において企業単位及び労働者単位での社会保険への適正な加入を徹底するよう指導するとともに、元下契約後に二次以下の下請企業及び労働者の加入状況を確認し、未加入の場合は、一次下請企業等を介し適正な加入を徹底するよう指導する。

第4　元下契約等における適正な法定福利費の確保

(1)　法定福利費の内訳明示について

　①　一次下請企業について

　　　元請企業は、元下契約に際し、一次下請企業に対して標準見積

書等を提出させることにより、法定福利費の内訳明示を徹底させる。
② 二次以下の下請企業について
　元請企業は、一次下請企業に対して、再下請負契約に際し、二次以下の下請企業に標準見積書等を提出させることにより、法定福利費の内訳明示を徹底するよう指導する。

(2) 適正な法定福利費の確保について
① 一次下請企業について
　元請企業は、提出された標準見積書など法定福利費を内訳明示した見積書を受領し、これを尊重したうえで、法定福利費を必要経費として適正に確保した元下契約を締結する。
② 二次以下の下請企業について
　元請企業は、一次下請企業に対して、再下請負契約に際し、二次以下の下請企業から提出された標準見積書など法定福利費を内訳明示した見積書を受領し、これを尊重したうえで、法定福利費を必要経費として適正に確保した再下請負契約を締結するよう指導する。

第5　雇用と請負の明確化（偽装請負の排除）
(1) 重層下請構造の改善について
　元請企業は、行き過ぎた重層下請構造が労働者の劣悪な処遇を招いていることを十分に認識し、一次下請企業に対して、平成30年度までに再下請負契約について原則二次下請まで（設備工事は三次下請まで）とするよう指導する。

(2) 偽装請負の排除について
　① 一次下請企業について
　　　元請企業は、偽装請負等により労働者が本来加入できる社会保険に加入できていないことが少なくないことに鑑み、元下契約に際し、一次下請企業に対して偽装請負など職業安定法や労働者派遣法等に違反しないことを徹底するよう指導する。
　② 二次以下の下請企業について
　　　元請企業は、同様に、一次下請企業に対して、再下請負契約に際し、二次以下の下請企業が偽装請負など職業安定法や労働者派遣法等に違反しないことを徹底するよう指導する。

第6　社会保険未加入企業の排除

(1) 一次下請企業について
　　元請企業は、平成27年度以降、元下契約に際し、社会保険への適正な加入をしていない下請企業と契約を締結しないことを徹底する。

(2) 二次以下の下請企業について
　　元請企業は、平成28年度以降、一次下請企業に対して、再下請負契約に際し、社会保険への適正な加入をしていない二次以下の下請企業と契約を締結しないことを徹底するよう指導する。

第7　行政に対する要請

日建連は国の行政機関に対して以下の事項を要請する。
　① 受給資格の緩和など労働者が加入しやすい社会保険制度を整備すること

② 建設業許可・更新時に社会保険加入指導を徹底すること
③ 専門工事業者に対する社会保険加入指導をさらに徹底すること
④ 専門工事業者に対して標準見積書など法定福利費を内訳明示した見積書の理解と浸透を図るとともに、法定福利費の算出方法について簡便な方式を作成し指導すること
⑤ 企業及び労働者の社会保険への加入実態の確認が容易となる就労管理システム（仮称）を早急に構築すること

第8　適用

本要綱は、平成27年4月1日から適用する。

※　法定福利費とは社会保険料に係る事業主負担分をいう。

資　料

4．日建連における女性活躍推進の経緯

日付	取組み事項
H25.11.5	「第3回経済の好循環実現に向けた政労使会議」において「建設現場で女性の力の活用を図るため対策を早急に講じたい」と中村会長が発言
H25.12	労働委員会のもとに女性技能者活躍促進専門部会を設置
H26.2.25	東京にて「日建連　女性活躍推進フォーラム」開催
H26.3.20	女性技能者活躍促進専門部会で検討し「女性技能労働者活用方策」および「女性技能労働者活用のためのアクションプラン」を理事会決定
H26.3.27	「女性技能労働者活用方策」および「女性技能労働者活用のためのアクションプラン」を決定したことを森内閣府特命担当大臣へ報告
H26.8.5	女性を主体とする「なでしこ工事チーム」の登録制度を開始（平成27年3月現在　26チーム登録）
H26.8.22	「もっと女性が活躍できる建設業へ向けた国土交通省と建設業5団体の会談」において「もっと女性が活躍できる建設業行動計画」を策定（国交省と建設業5団体）「もっと女性が活躍できる建設業を目指して－日建連の決意－」を発表
H26.9.9	女性技術者・技能者の2名が安倍首相と有村内閣府特命担当大臣を表敬訪問
H26.9	日建連広報誌「Ace」において「いま、建設業で活躍する女性たち」を特集
H26.10.22	建設業で活躍する女性技術者・技能者の愛称を募集し「けんせつ小町」と決定するとともに太田国土交通大臣へ報告
H26.12.16	大阪にて「日建連　女性活躍推進フォーラム」開催
H27.1.22	新春懇談会において「けんせつ小町」のロゴマークを披露　リーフレット「もっと女性が活躍できる建設業を目指して」を配布
H27.3.24	女性技能者活躍促進専門部会で検討し『「けんせつ小町」が働きやすい現場環境整備マニュアル』を労働委員会決定
H27.4.1	「けんせつ小町委員会」発足
H27.4.13	「第1回けんせつ小町委員会」開催

4-1. 女性技能労働者活用方策（概要）

（平成26年3月20日）

1．女性技能労働者の実態
(1) 女性技能労働者数
【技能労働者数の算出】

	技能労働者数（万人）		女性技能労働者の割合
	女性	男女計	
建設業	9	337	2.7%
製造業	195	657	29.7%
全産業	340	1,547	22.0%

総務省「労働力調査（2012年）」より算出
※技能労働者とは、職業分類項目のうち（生産工程、輸送・機械運転、建設・採掘、運搬・清掃・包装等［その他の運搬・清掃・包装等］）の従事者とする。

資　料

(2)　就労状況調査

【女性技能労働者就労状況】現場数＝230、全作業員数＝10,165人

	職種	人数		職種	人数
躯体技能職	大工	1	仕上技能職	内装工	4
	残土処分運転手	2		クロス工	4
	清掃・養生・クリーニング	11		床工	1
	墨出し工・測量	3		植栽　移植	1
	型枠大工	4		小計	26
	鉄筋工	1	設備技能職	電気設備工	4
	雑工	1		電工手元	1
	解体工	1		衛生空調設備	4
	生コン車運転手	2		配管工	1
	クレーンオペ	1		保温工	1
	小計	27		フロン回収	1
仕上技能職	防水	2		小計	12
	シーリング	3		技能職　計	65
	造作大工	1	その他	現場監督	4
	金属工（手摺）	1		ガードマン	26
	左官	2		CAD	22
	サッシ工	2		仮設計画	1
	自動扉	1		営業	4
	塗装工	3		その他　計	57
	ボード工	1		合　計	122

※2013年12月、日建連会員会社の1社で建築現場を対象に女性技能者の就労状況を調査。

2．ヒアリングとアンケート
(1) **専門工事業団体**
① 女性技能労働者の活用については、現場の活性化等の観点から概ね賛同する意見が多い。特に仕上げの専門工事業団体は、課題はあるものの前向きな意見も多かった。
　しかし躯体の専門工事業団体からは、重機のオペレーターなどを除き、男女の体力差から現実性に乏しく、躯体技能職の就労に関しては難しいという意見もあった。
② 現場の環境が、女性技能労働者を受け入れられるようになっているか。特に小規模現場に対する指摘が多く、環境整備は元請会社の課題という意見が多かった。
③ 建設業だけの課題ではないが、女性は結婚、出産後、もとの仕事に復帰する割合が低いため、経営者にとっては、熟練工になるまでの先行投資が無駄になり、女性活用に積極的になれないとの意見が多かった。
④ 女性技能労働者を雇用した場合、生産性が落ちると考える団体が多かった。

(2) **女性技能労働者**
① 建設業に入職する経緯は親族関係が多く、女性が働ける職種であること等の対外的なアピールが不足している。
② 現場の環境（女性用トイレ、更衣室、洗面所など）が整備されていない。
③ 結婚、育児などと両立できるような就業体系が確立されていない。
④ 女性の現場監督が少ないので、安心感が低い。

⑤　給与制度や社会保険などの環境が整備されていない。
⑥　女性として特別扱いはしてほしくない。性別ではなく能力で評価してほしい。

3．女性ワーキンググループ
(1) **女性技能労働者の入職を増やすための取組み**
　①　親、身内の心配する給与体系の見直し（月給制の採用）や社会保険加入等の技能労働者の処遇改善を建設業全体で推進する。
　②　新規若年技能労働者の募集窓口を工業高校に加え、普通高校の女子生徒を対象にする等幅広くする。
　③　ポスターの掲示、女性版就職情報誌などの活用により、建設業界が女性技能労働者を歓迎することをアピールする。

(2) **家庭と仕事を両立させるための取組み**
　①　出産、子育てへのサポートの充実
　　・期間を定めて時差出勤、帰宅（例えば9：00出勤、16：00帰宅）を認めるなどのサポートの充実
　　・大規模現場での託児所の設置、託児所の斡旋などによる支援
　　・画一的な朝礼の廃止や柔軟な現場就労管理の導入

(3) **定着させるための取組み**
　①　女性技能労働者を表彰する制度の拡充
　②　現場の設備の見直し
　　・安心して使用できる女性用トイレの設置
　　・更衣室、洗面所、シャワー設備などの整備と、扉の色を区別するなど、男性に使われず女性が安心して使用できるような気配

りと運用ルールの徹底
③ 女性用品の充実
・作業服、安全帯、ヘルメット、安全靴といった安全保護具での女性用サイズの充実など

(4) その他の意見
① 発注者（女子校、個人住宅など）によっては女性現場監督、女性技能労働者に作業してほしい等のニーズは現に存在しているし、充分潜在しているので、元請会社として掘り起こす営業活動が今後重要である。
② 女性現場監督、女性職長を拡充し、現場で女性技能労働者が働きやすくする。
③ 小さくても良いから女性だけ（女性主体）で作り上げる現場を施工し、魅力化に繋げたい。

資　料

女性技能者活用促進の取組み

○当面実施すべき取組み事項は橙色枠内に示す。

(1) P.R.（広報・発信）

日建連	会員会社
①建設業界は女性技能労働者を歓迎することのアピール ・新卒者だけでなく幅広い世代の女性に対して、様々な勤務形態での受入れがあることの効果的なPR方法の検討と実施 ②建設業には女性技能労働者が活躍できる職種が多数あることのアピール ・活躍できる職種は多数あることの効果的なPR方法の検討と実施 ・会員会社が実施すべきPR事項の検討と要請 ・業界、外部有識者、行政が一体となって建設産業の戦略的広報活動を推進する「建設産業戦略的広報推進協議会」や内閣府「第3次男女共同参画社会基本計画（平成22年12月）」と連携しアピール	①建設業の魅力を女性にアピール ・女性や小さな子供が建設業に慣れ親しむための現場見学会等の実施 ・広報誌、ホームページの活用、マスコミ発表の実施
①建設業界は女性技能労働者を歓迎することのアピール ・日建連ホームページや広報誌において、トップがアピール ・ポスターの作成などキャンペーンの実施 ・「建設産業戦略的広報推進協議会」との積極的な連携を通じたアピール	①建設業には女性技能労働者が活躍できる職種が多数あることのアピール ・自社ホームページや広報誌といった広報媒体において、トップが女性技能労働者が活躍できる職種が多数あることのアピール

日建連としての要請事項	
建専連など専門工事業諸団体	関係各省
①建設業には女性技能労働者が活躍できる職種が多数あることのアピール ・「建設産業戦略的広報推進協議会」と連携した、専門職種における女性技能労働者の活躍などを就職を希望する女子学生や一般女性に注目させるPR活動等の展開	①国土交通省「建設産業活性化会議」等で女性技能労働者の活用促進を、建設産業の担い手の確保、育成策として位置づけ ②既存の女性技能労働者確保にも活用できる国等の助成制度の周知徹底 ③建設業界における女性技能労働者活用促進の取組みの紹介
①建設業には女性技能労働者が活躍できる職種が多数あることのアピール ・専門職種における女性技能労働者の活躍を広報誌やホームページなどでトップがアピール	①国土交通省「建設産業活性化会議」等で女性技能労働者の活用促進を、建設産業の担い手の確保、育成策として位置づけ

資　料

(2) 環境整備

日建連	会員会社
①女性技能労働者が働きやすい環境を整備するためのマニュアル作成 ・安心して使用できるトイレ設置の徹底 ・整備すべき項目（設備環境、出産、子育てサポート、女性現場監督の拡充等）の検討およびマニュアル化、会員会社への働きかけ ②女性技能労働者の雇用を促進する表彰制度の創設 ・女性技能労働者が多数従事している現場を表彰する制度の創設など ③女性技能労働者が働きやすい環境整備を促進する表彰制度の実施 ・日建連「快適職場表彰」制度に女性技能労働者の環境整備部門を設置など	①現場環境の整備 ・現場において女性技能労働者が安心して使用できるトイレ、更衣室等の環境整備 ・現場環境整備に必要な経費の確保（積算への反映） ②出産、子育てへのサポートの充実 ・柔軟な就業時間制度（時差出勤、帰宅）等の導入 ・大規模現場での託児所の設置、託児所の斡旋などによる支援 ・出産育児サポートに必要な経費の確保（積算への反映） ・厚生労働省「くるみん」マークに認定されるような取組み ③女性現場監督の拡充 ・女性現場監督を増やし、女性の目による現場環境の充実 ・現場における女性ネットワークの構築による女性技能労働者の孤立化防止 ④女性技能労働者の地位が向上される表彰制度の実施 ・協力会社表彰制度等で女性技能労働者のプライドとステータスを表す顕彰枠の設置 ⑤協力会社が女性技能労働者を雇用するための支援 ・元請会社からの発注条件として女性技能労働者活用促進の明示、各種助成金申請への手助け ・女性技能労働者を雇用する協力会社にインセンティブ（優先発注）を与える制度の確立 ⑥女性技能労働者の処遇改善 ・性別に左右されない能力に見合った賃金を基本とする給与体系の採用を協力会社に要請
①女性技能労働者が働きやすい環境を整備するためのマニュアル作成 ・早急にマニュアルを作成し、会員会社などへ配布	①現場環境の整備 ・現場において女性技能労働者が安心して使用できるトイレ、更衣室等の環境整備（特に、ヒアリングとアンケートを通して実際に働く女性技能労働者から数多く寄せられた「現場

日建連としての要請事項	
建専連など専門工事業諸団体	関係各省
①女性技能労働者の処遇改善 ・性別に左右されない能力に見合った賃金を基本とする給与体系の採用 ・社会保険加入促進（社会保険とは、雇用保険、健康保険及び厚生年金保険をいう） ・出産、子育てがしやすい厚生労働省「くるみん」マークに認定されるような取組み	①建設業での女性活用を促進させる制度の構築 ・女性技能労働者を雇用した場合の助成等各種メリットの付与など女性の活用に取組む企業を支援する仕組みの構築 ・公共工事の積算基準への反映 （「共通仮設費」における「営繕費」や「仮設建物費」を引上げる措置） ②女性技能労働者を育成するための研修制度の充実 ・富士教育センターや他の研修機関による女性技能労働者養成のための研修制度の充実 ③女性技能労働者の雇用が促進される効果がある表彰制度の実施 ・女性技能労働者の技能向上のインセンティブを与える表彰制度の実施等 ④女性技能労働者を含む技能労働者全体の処遇改善に向けた取組み
元請会社と一体となって ①現場環境の整備 ②出産、子育てのサポート に努める	①建設業での女性活用を促進させる制度の構築 ・女性技能労働者を雇用した場合の助成等各種メリットの付与 ・公共工事の積算基準への反映（「共

資　料

日建連	会員会社
②女性技能労働者が働きやすい環境整備を促進する表彰制度の実施 ・快適職場表彰制度の拡充	において安心して使用できるトイレ」を求める声には、速やかに対応。） ②出産、子育てのサポート ・画一的な朝礼の見直し等による柔軟な就業時間制度（時差出勤、帰宅）等の導入 ③女性現場監督拡充の為の行動計画の作成 ・各社の実情を踏まえた行動計画を早急に作成

(3) マーケティング

日建連	会員会社
	①女性現場監督、女性技能労働者の手による施工ニーズの掘り起こしと対応出来る体制の整備 ・積極的なマーケティングの実施と女性施工チーム等の設置
	①女性を中心とした組織（営業から施工まで）を設置しニーズに応える（女子校、個人住宅、リニューアルなど） ・女性現場所長、女性現場監督、女性職長、女性技能労働者を主体とした施工チーム（「なでしこ工事チーム」）を設置し活動する

日建連としての要請事項	
建専連など専門工事業諸団体	関係各省
	通仮設費」における「営繕費」や「仮設建物費」を引上げる措置） ②女性技能労働者を育成するための研修制度の充実 ・富士教育センターや他の研修機関による女性技能労働者養成のための研修制度の充実

日建連としての要請事項	
建専連など専門工事業諸団体	関係各省
元請会社と一体となって ①女性施工チームの設置に協力する	

資料

4-2.

女性技能労働者活用のためのアクションプラン

平成 26 年 3 月 20 日
一般社団法人　日本建設業連合会

目標
女性技能労働者数について **5年以内に倍増を目指す。**

実施事項
会員会社は、専門工事業者、協力会社などと連携しつつ、次の事項に積極的に取組む。

1. 建設業界には女性技能労働者が活躍できる職種が多数あり、女性の入職を歓迎することを積極的にアピールする。
2. 現場において女性が「安心して使用できるトイレ」の設置などの環境整備に最大限配慮する。
3. 現場において時差出勤、帰宅制度などの出産や子育てをサポートするための制度を導入する。
4. 女性現場監督を拡充する。
5. 女性を主体とする「なでしこ工事チーム」などを設け活用する。
6. 協力会社が女性技能労働者を雇用・育成するための支援を行う。

	技能労働者数（万人）		女性技能労働者の割合
	女性	男女計	
建設業	9	337	2.7%
製造業	195	657	29.7%
全産業	340	1,547	22.0%

総務省　「労働力調査（2012）」より算出

4－3．もっと女性が活躍できる建設業を目指して
－日建連の決意－

$$\left(\begin{array}{l}\text{平成２６年８月２２日}\\ \text{（一社）日本建設業連合会}\end{array}\right)$$

　今日、日本の総人口が減少に転じ、人口減少社会を迎えようとしている中で、活力ある経済社会を維持するには、女性の持つポテンシャルを引き出すことが欠かせないとの観点から、産業活動のあらゆる分野で、もっと女性が活躍できる企業文化を早急に整えることが求められている。

　日建連では、将来に向けて活力ある建設業を再生し、維持するため、これまで男性中心であった建設生産方式を女性が持てる力を存分に発揮できるものに再構築することを決意し、以下のとおり、今直ぐに始められることから取り組むこととしたい。

1　日建連会員企業は、技術系女性社員の比率を５年間で倍増、10年間で10％程度に引き上げることを目指し、土木系、建築系などあらゆる職種で、意欲ある女性を積極的に採用する。

2　日建連会員企業は、現在は30歳超の女性社員が非常に少ない社員構成の下にあって、女性管理職を５年間で倍増、10年で３倍程度に引き上げることを目指す。将来においては、管理職に占める女性の比率を３割にすることを念頭に、意識改革を促し、さらに女性役員の活躍を期待する。

資　料

3　女性が持てる力を存分に発揮できる建設生産方式に再構築するため、特に育児に配慮した勤務形態の導入や現場環境を改善するためのマニュアルを早急に策定するとともに、女性が働き易い現場環境の整備を促進する表彰制度を実施する。

4　日建連会員企業は、多数の女性が施工に従事しているまたは女性が中心となって施工を担う「なでしこ工事チーム」について、日建連に登録できることとする。日建連は、「なでしこ工事チーム」の活躍状況をHPで紹介する。

5．会員企業アンケート結果

＜概要＞

対　象　　一般社団法人日本建設業連合会法人会員　140社
期　間　　平成26年10月8日～11月30日
方　法　　調査票配布
回答率　　77.8％（一部のみの回答も含め、109社より調査票を回収する）

＜アンケートの構成＞

建設市場の見通しについて
　…………………………………（設問1）～（設問5）
生産体制について
　…………………………………（設問6）～（設問9）
技能労働者（作業員）の確保・育成について
　…………………………………（設問10）～（設問20）
建設生産システムの合理化について
　…………………………………（設問21）～（設問22）
建設業のイメージアップについて
　………………………………………………（設問23）

＜留意点＞

・各設問の回答数について、N＝〇〇と表記した。
・合計については、四捨五入をしているため、内訳と必ずしも一致しない。

資　料

(設問1) ここ1、2年の案件情報はいかがですか？
①土木事業 (N＝105)

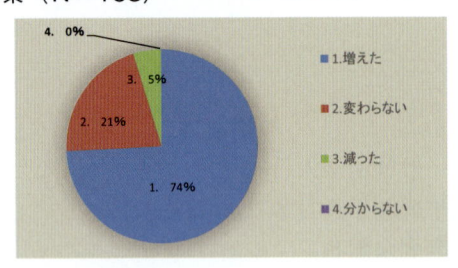

- 1.増えた　74%
- 2.変わらない　21%
- 3.減った　5%
- 4.分からない　0%

②建築事業 (N＝100)

- 1.増えた　68%
- 2.変わらない　23%
- 3.減った　6%
- 4.分からない　3%

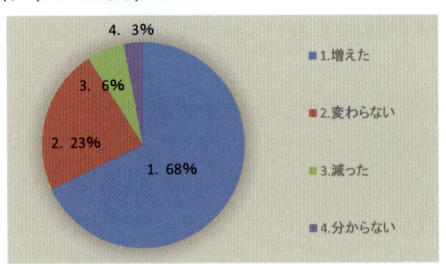

(設問2) 現状 (2013年度) の国内建築事業における新築とリニューアルの受注割合はいかがですか？　また、今後のリニューアル比率の傾向はどうなると思いますか？
([現状] N＝144、[今後] N＝86)

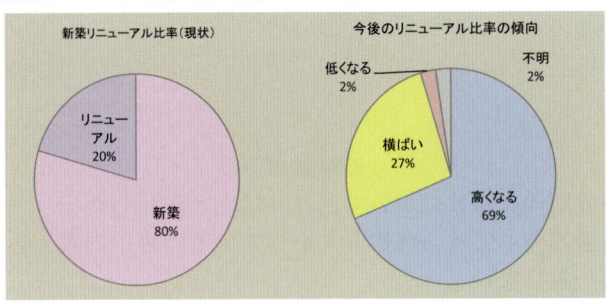

新築・リニューアル比率 (現状)
- 新築　80%
- リニューアル　20%

今後のリニューアル比率の傾向
- 高くなる　69%
- 横ばい　27%
- 低くなる　2%
- 不明　2%

（設問3）国内建築事業における設計・施工比率の推移はいかがですか？（N＝98）

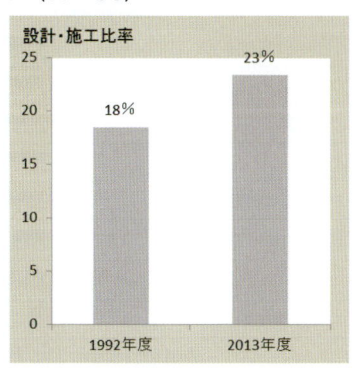

設計・施工比率
- 1992年度: 18%
- 2013年度: 23%

（設問4）発注形態に関し、現在および今後について、顧客が関心を持つ項目は何ですか？

①土木事業（N＝87）

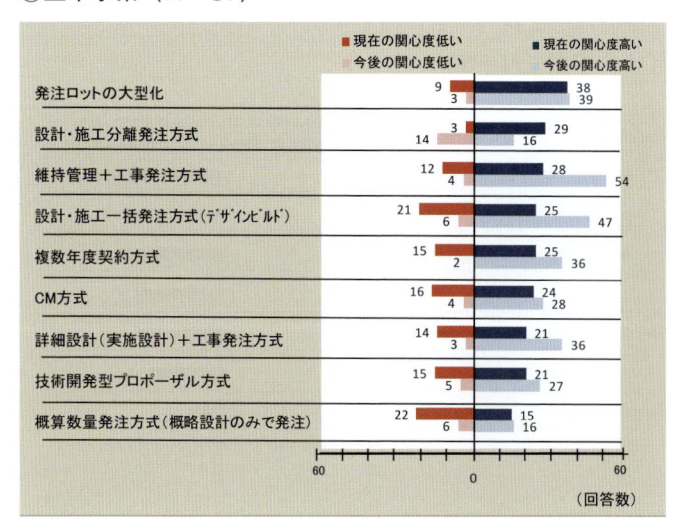

凡例: 現在の関心度低い / 現在の関心度高い / 今後の関心度低い / 今後の関心度高い

項目	現在の関心度低い	現在の関心度高い	今後の関心度低い	今後の関心度高い
発注ロットの大型化	9	38	3	39
設計・施工分離発注方式	3	29	14	16
維持管理＋工事発注方式	12	28	4	54
設計・施工一括発注方式（デザインビルド）	21	25	6	47
複数年度契約方式	15	25	2	36
CM方式	16	24	4	28
詳細設計（実施設計）＋工事発注方式	14	21	3	36
技術開発型プロポーザル方式	15	21	5	27
概算数量発注方式（概略設計のみで発注）	22	15	6	16

（回答数）

資料

②建築事業（N＝82）

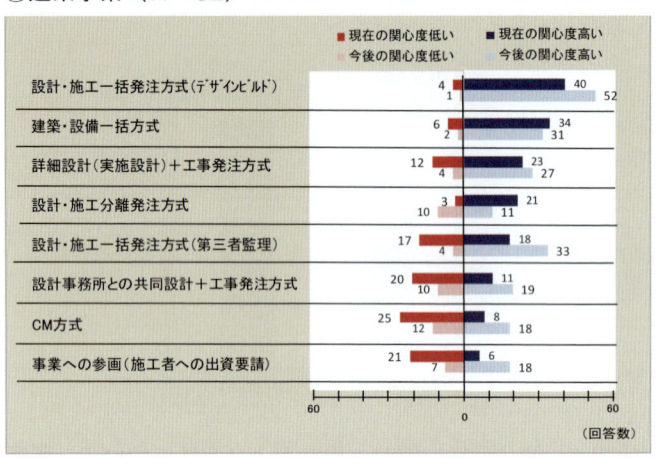

発注方式	現在の関心度低い	今後の関心度低い	現在の関心度高い	今後の関心度高い
設計・施工一括発注方式(デザインビルド)	4	1	40	52
建築・設備一括方式	6	2	34	31
詳細設計(実施設計)＋工事発注方式	12	4	23	27
設計・施工分離発注方式	10	3	21	11
設計・施工一括発注方式(第三者監理)	17	4	18	33
設計事務所との共同設計＋工事発注方式	20	10	11	19
CM方式	25	12	8	18
事業への参画(施工者への出資要請)	21	7	6	18

（回答数）

（設問5）品質・性能に関し、現在および今後について、顧客が関心を持つ項目は何ですか？

①土木事業（N＝89）

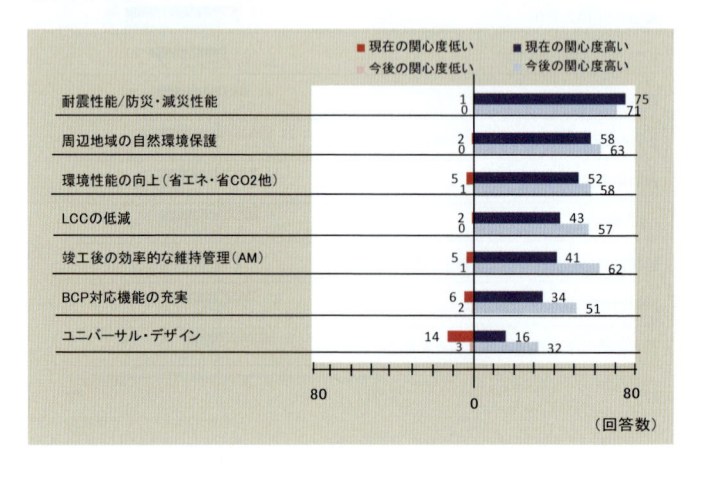

項目	現在の関心度低い	今後の関心度低い	現在の関心度高い	今後の関心度高い
耐震性能/防災・減災性能	1	0	75	71
周辺地域の自然環境保護	2	0	58	63
環境性能の向上(省エネ・省CO2他)	5	1	52	58
LCCの低減	2	0	43	57
竣工後の効率的な維持管理(AM)	5	1	41	62
BCP対応機能の充実	6	2	34	51
ユニバーサル・デザイン	14	3	16	32

（回答数）

②建築事業（N＝82）

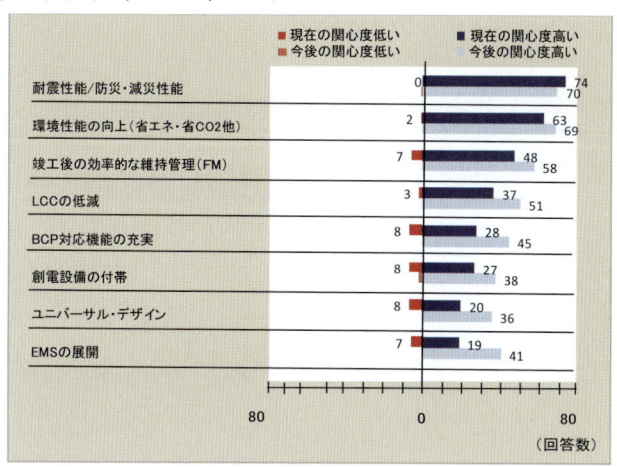

項目	現在の関心度低い	今後の関心度低い	現在の関心度高い	今後の関心度高い
耐震性能/防災・減災性能	0		74	70
環境性能の向上（省エネ・省CO2他）	2		63	69
竣工後の効率的な維持管理（FM）	7		48	58
LCCの低減	3		37	51
BCP対応機能の充実	8		28	45
創電設備の付帯	8		27	38
ユニバーサル・デザイン	8		20	36
EMSの展開	7		19	41

（回答数）

（設問6）今後の生産体制維持にあたり、最も懸念される事項は何ですか？（N＝104）

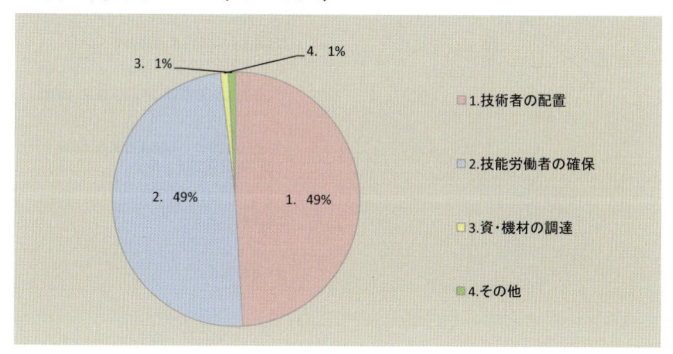

- 1.技術者の配置: 49%
- 2.技能労働者の確保: 49%
- 3.資・機材の調達: 1%
- 4.その他: 1%

資　料

（設問７）自社による対策のみで生産体制維持への対応は可能だと思いますか？（N＝99）

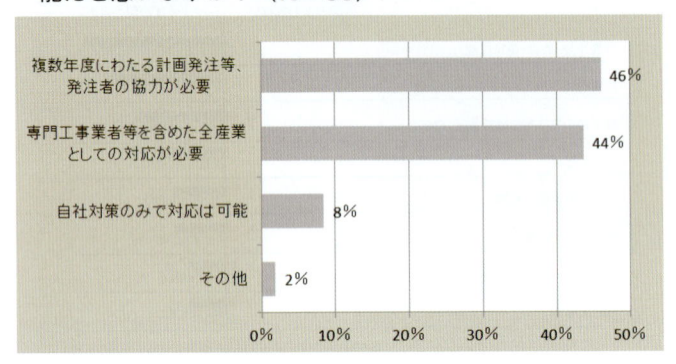

選択肢	割合
複数年度にわたる計画発注等、発注者の協力が必要	46%
専門工事業者等を含めた全産業としての対応が必要	44%
自社対策のみで対応は可能	8%
その他	2%

（設問８）現状の技術者の状況はいかがですか？（N＝106）

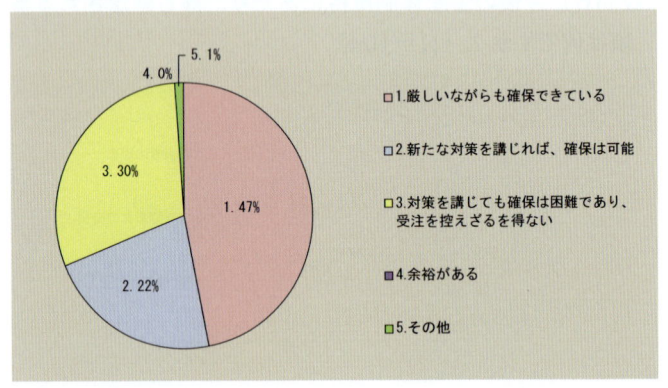

選択肢	割合
1.厳しいながらも確保できている	47%
2.新たな対策を講じれば、確保は可能	22%
3.対策を講じても確保は困難であり、受注を控えざるを得ない	30%
4.余裕がある	4.0%
5.その他	5.1%

140

【追加設問】［1．厳しいながらも確保できている］、［2．新たな対策を講じれば、確保は可能］、［3．対策を講じても確保は困難であり、受注を控えざるを得ない］と回答した方、どのような対策を講じていますか？（N＝106）

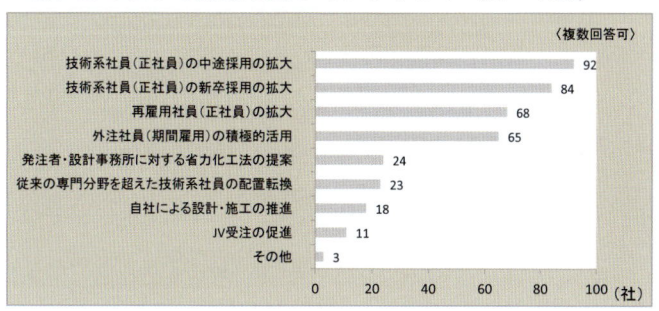

〈複数回答可〉

対策	社数
技術系社員（正社員）の中途採用の拡大	92
技術系社員（正社員）の新卒採用の拡大	84
再雇用社員（正社員）の積極的活用	68
外注社員（期間雇用）の積極的活用	65
発注者・設計事務所に対する省力化工法の提案	24
従来の専門分野を超えた技術系社員の配置転換	23
自社による設計・施工の推進	18
JV受注の促進	11
その他	3

（設問9）現状の資・機材調達の状況はいかがですか？（N＝103）

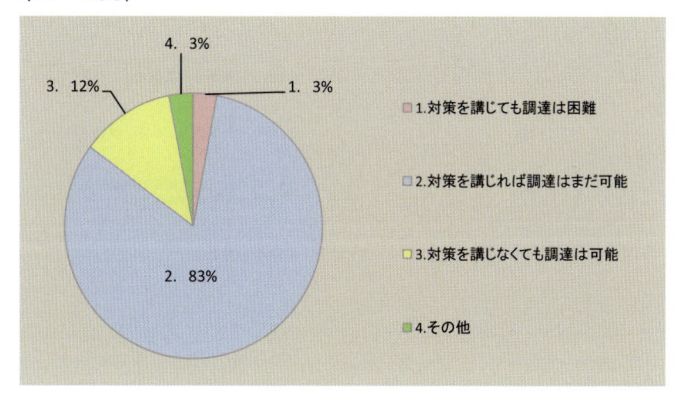

- 1. 対策を講じても調達は困難　3%
- 2. 対策を講じれば調達はまだ可能　83%
- 3. 対策を講じなくても調達は可能　12%
- 4. その他　3%

141

資料

【追加設問】［2．対策を講じれば調達はまだ可能］、［3．対策を講じなくても調達は可能］と回答した方、どのような対策を講じていますか？（N＝96）

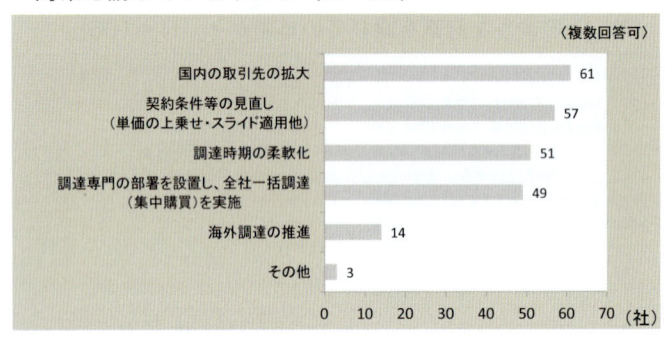

〈複数回答可〉

項目	社数
国内の取引先の拡大	61
契約条件等の見直し（単価の上乗せ・スライド適用他）	57
調達時期の柔軟化	51
調達専門の部署を設置し、全社一括調達（集中購買）を実施	49
海外調達の推進	14
その他	3

（設問10）現状の技能労働者の確保の状況はいかがですか？（N＝103）

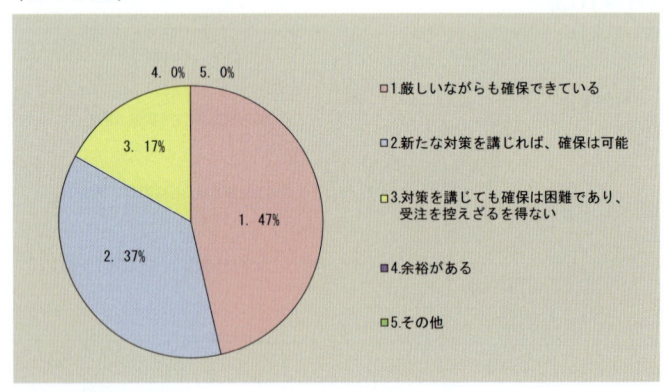

- 1. 厳しいながらも確保できている　47%
- 2. 新たな対策を講じれば、確保は可能　37%
- 3. 対策を講じても確保は困難であり、受注を控えざるを得ない　17%
- 4. 余裕がある　4.0%
- 5. その他　5.0%

【追加設問】［1．厳しいながらも確保できている］、［2．新たな対策を講じれば、確保は可能］、［3．対策を講じても確保は困難であり、受注を控えざるを得ない］と回答した方、どのような対策を講じていますか？（N＝102）

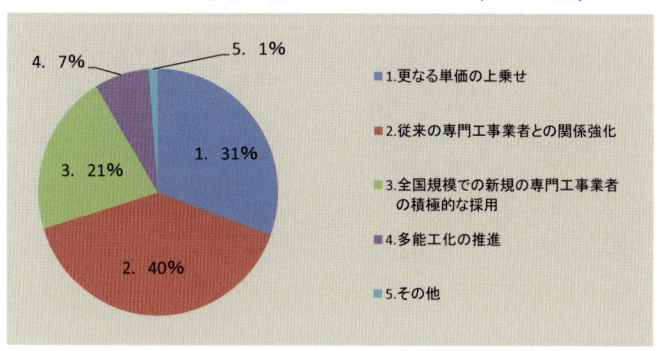

- 1. 更なる単価の上乗せ　31%
- 2. 従来の専門工事業者との関係強化　40%
- 3. 全国規模での新規の専門工事業者の積極的な採用　21%
- 4. 多能工化の推進　7%
- 5. その他　1%

（設問11）今後の技能労働者確保の見通しはいかがですか？（N＝103）

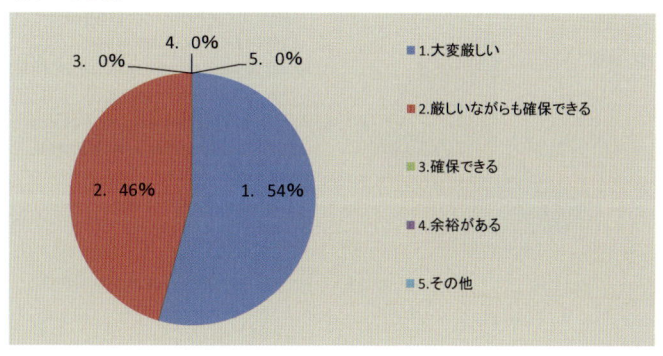

- 1. 大変厳しい　54%
- 2. 厳しいながらも確保できる　46%
- 3. 確保できる　0%
- 4. 余裕がある　0%
- 5. その他　0%

資　料

(設問12) 技能労働者確保のためにどのような対策を講じようとしていますか？（N＝99）

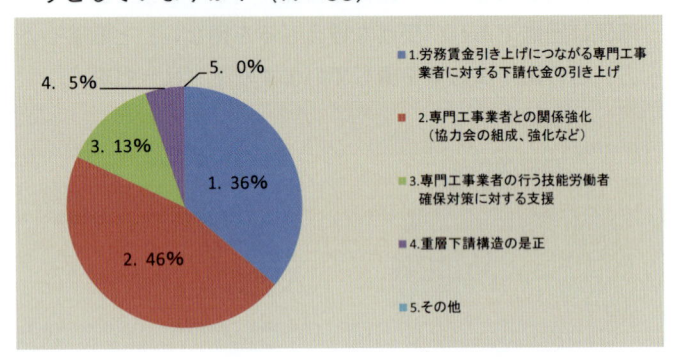

割合	項目
36%	1.労務賃金引き上げにつながる専門工事業者に対する下請代金の引き上げ
46%	2.専門工事業者との関係強化（協力会の組成、強化など）
13%	3.専門工事業者の行う技能労働者確保対策に対する支援
5%	4.重層下請構造の是正
0%	5.その他

(設問13) 技能労働者確保・育成に向けた具体策について、
①既に取り組んでいるものは何ですか？（N＝88）

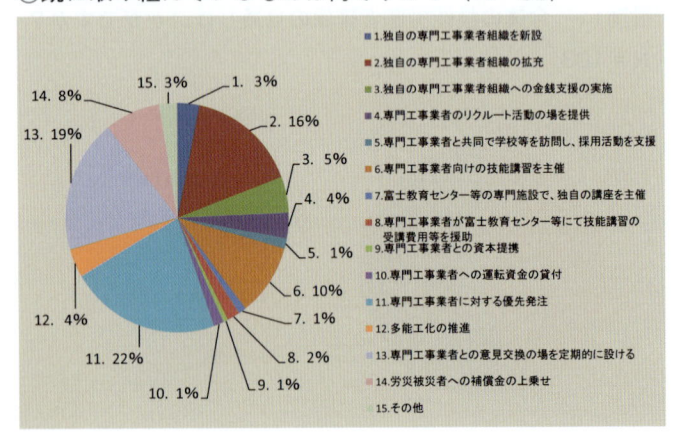

割合	項目
3%	1.独自の専門工事業者組織を新設
16%	2.独自の専門工事業者組織の拡充
5%	3.独自の専門工事業者組織への金銭支援の実施
4%	4.専門工事業者のリクルート活動の場を提供
1%	5.専門工事業者と共同で学校等を訪問し、採用活動を支援
10%	6.専門工事業者向けの技能講習を主催
1%	7.富士教育センター等の専門施設で、独自の講座を主催
2%	8.専門工事業者が富士教育センター等にて技能講習の受講費用等を援助
1%	9.専門工事業者との資本提携
1%	10.専門工事業者への運転資金の貸付
22%	11.専門工事業者に対する優先発注
4%	12.多能工化の推進
19%	13.専門工事業者との意見交換の場を定期的に設ける
8%	14.労災被災者への補償金の上乗せ
3%	15.その他

②今後取り組みたいものは何ですか？（N＝88、2つ選択）

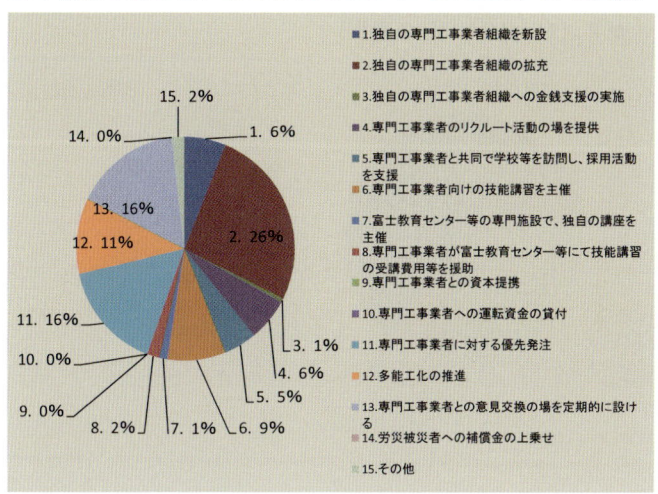

1.	独自の専門工事業者組織を新設 — 1.6%
2.	独自の専門工事業者組織の拡充 — 26%
3.	独自の専門工事業者組織への金銭支援の実施 — 1%
4.	専門工事業者のリクルート活動の場を提供 — 6%
5.	専門工事業者と共同で学校等を訪問し、採用活動を支援 — 5%
6.	専門工事業者向けの技能講習を主催 — 9%
7.	富士教育センター等の専門施設で、独自の講座を主催 — 1%
8.	専門工事業者が富士教育センター等にて技能講習の受講費用等を援助 — 2%
9.	専門工事業者との資本提携 — 0%
10.	専門工事業者への運転資金の貸付 — 0%
11.	専門工事業者に対する優先発注 — 16%
12.	多能工化の推進 — 11%
13.	専門工事業者との意見交換の場を定期的に設ける — 16%
14.	労災被災者への補償金の上乗せ — 0%
15.	その他 — 2%

（設問14）今後技能労働者の数が大きく減少していくことが予想されますが、この現象を緩やかなものとするために必要な対策は何ですか？（N＝102）

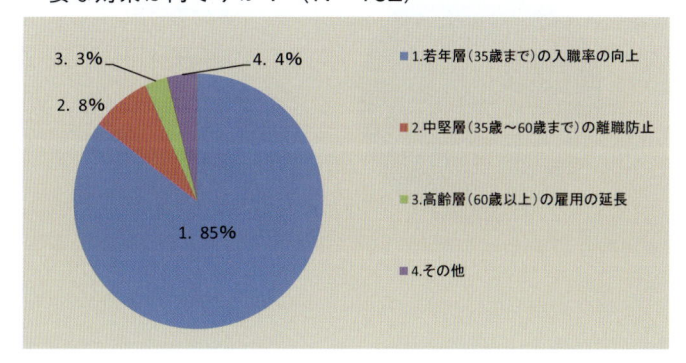

1.	若年層(35歳まで)の入職率の向上 — 85%
2.	中堅層(35歳～60歳まで)の離職防止 — 8%
3.	高齢層(60歳以上)の雇用の延長 — 3%
4.	その他 — 4%

資　料

(設問15) 若年層の入職促進のために必要な対策は何ですか？（N＝104、2つ選択）

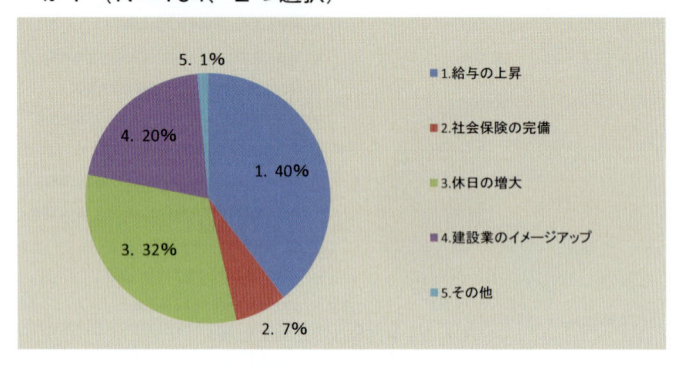

- 1.給与の上昇: 40%
- 2.社会保険の完備: 7%
- 3.休日の増大: 32%
- 4.建設業のイメージアップ: 20%
- 5.その他: 1%

(設問16) 中堅層の離職防止のために必要な対策は何ですか？（N＝104、2つ選択）

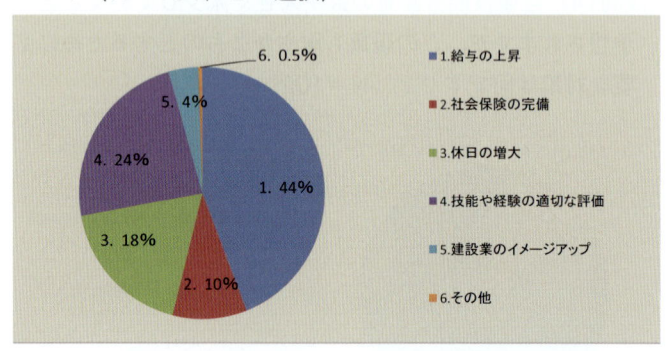

- 1.給与の上昇: 44%
- 2.社会保険の完備: 10%
- 3.休日の増大: 18%
- 4.技能や経験の適切な評価: 24%
- 5.建設業のイメージアップ: 4%
- 6.その他: 0.5%

(設問17）技能労働者の処遇改善（給与上昇、社会保険完備、休日増加など）のために、専門工事業者が技能労働者の社員（常時雇用）化や給与の月給化を進めることについて、どのように考えますか？（N＝102）

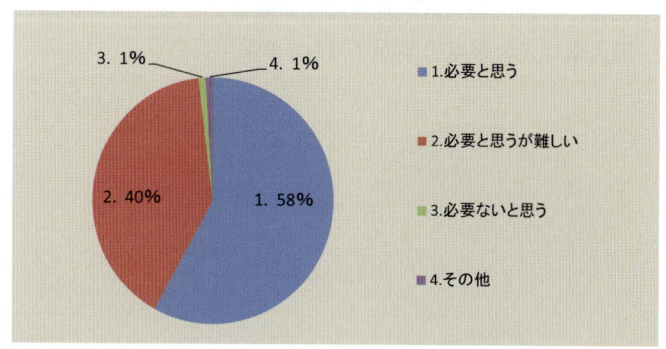

- 1.必要と思う：58%
- 2.必要と思うが難しい：40%
- 3.必要ないと思う：1%
- 4.その他：1%

【追加設問】［１．必要と思う］、［２．必要と思うが難しい］と回答した方、専門工事業者が技能労働者の社員化や、給与の月給化を進めるうえで元請として必要な取組みは何ですか？（N＝95）

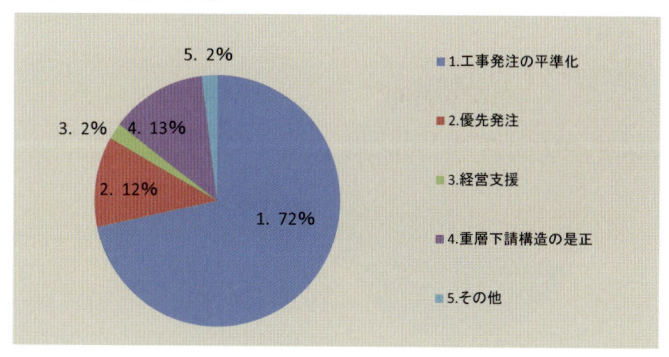

- 1.工事発注の平準化：72%
- 2.優先発注：12%
- 3.経営支援：2%
- 4.重層下請構造の是正：13%
- 5.その他：2%

資　料

（設問18）技能と就労履歴の見える化を推進する上で必要となる就労管理システム（技能と就労履歴のデータ管理化）について、

①現場での入退場管理（就労履歴が確認できる）システムの導入率はどの程度ですか？（N＝89）

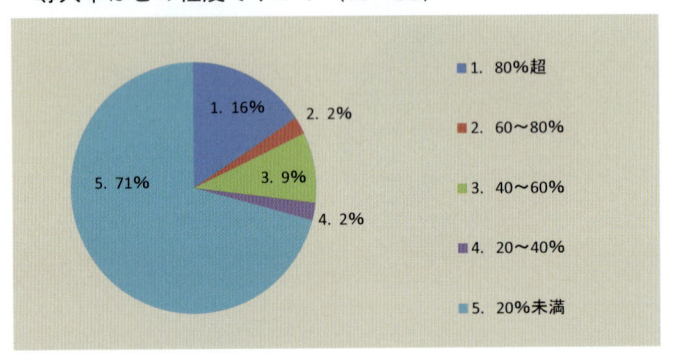

- 1. 80%超　16%
- 2. 60〜80%　2%
- 3. 40〜60%　9%
- 4. 20〜40%　2%
- 5. 20%未満　71%

②技能労働者の処遇改善を目的とした就労確認と技能の見える化（資格や就労経験などの判別）のために、会員企業が全ての現場に就労管理システム（技能と就労履歴のデータ管理化）を導入することについて、お聞かせください。（N＝91）

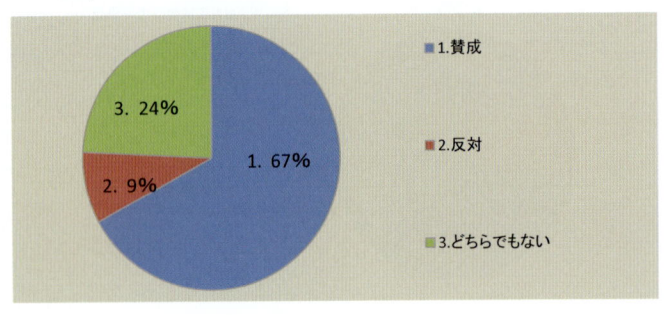

- 1. 賛成　67%
- 2. 反対　9%
- 3. どちらでもない　24%

（設問19）現場における週休2日（4週8休）への取組みについて、

①2025年に向けて現場における技能労働者の週休2日実現にどのように取り組みますか？（N＝100）

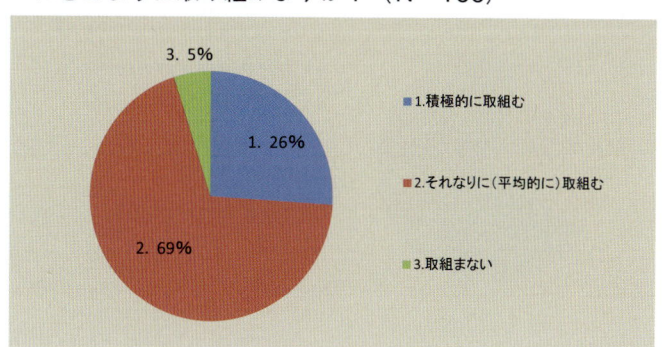

- 1. 積極的に取組む：26%
- 2. それなりに（平均的に）取組む：69%
- 3. 取組まない：5%

②現場における技能労働者の週休2日実現に向けて必要な対策は何ですか？（N＝103、2つ選択）

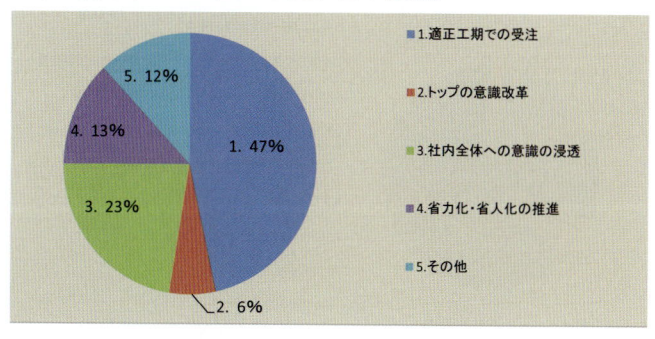

- 1. 適正工期での受注：47%
- 2. トップの意識改革：6%
- 3. 社内全体への意識の浸透：23%
- 4. 省力化・省人化の推進：13%
- 5. その他：12%

資　料

(設問20) 女性技能者の活躍について、

①2025年に向けて現場における女性技能者の割合をどの程度にする必要がありますか？（N＝97）

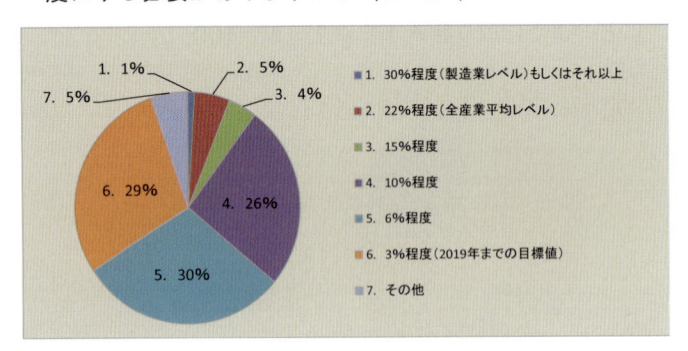

凡例	割合
1. 30%程度（製造業レベル）もしくはそれ以上	1%
2. 22%程度（全産業平均レベル）	5%
3. 15%程度	4%
4. 10%程度	26%
5. 6%程度	30%
6. 3%程度（2019年までの目標値）	29%
7. その他	5%

②上記実現のために元請として必要な対策は何ですか？（N＝102、3つ選択）

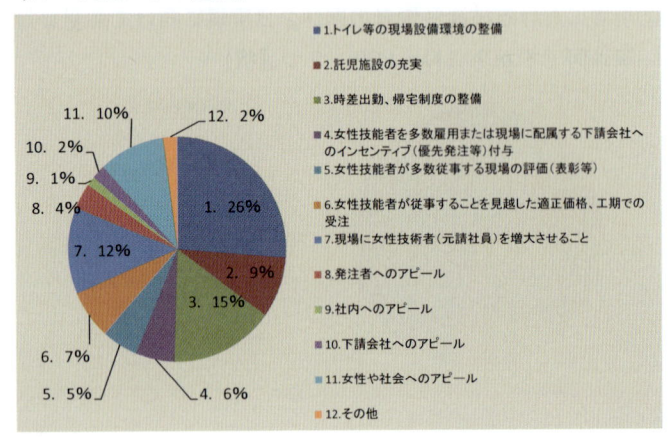

凡例	割合
1.トイレ等の現場設備環境の整備	26%
2.託児施設の充実	9%
3.時差出勤、帰宅制度の整備	15%
4.女性技能者を多数雇用または現場に配属する下請会社へのインセンティブ（優先発注等）付与	6%
5.女性技能者が多数従事する現場の評価（表彰等）	5%
6.女性技能者が従事することを見越した適正価格、工期での受注	7%
7.現場に女性技術者（元請社員）を増大させること	12%
8.発注者へのアピール	4%
9.社内へのアピール	1%
10.下請会社へのアピール	2%
11.女性や社会へのアピール	10%
12.その他	2%

（設問21）建設生産システムの合理化（生産性の向上）のためには、省力化、省人化方対策以外にも、様々な分野で取り組む必要がありますが、次のうち積極的に取り組むべきものと考えるものは何ですか？

①土木事業（N＝97、2つ選択）

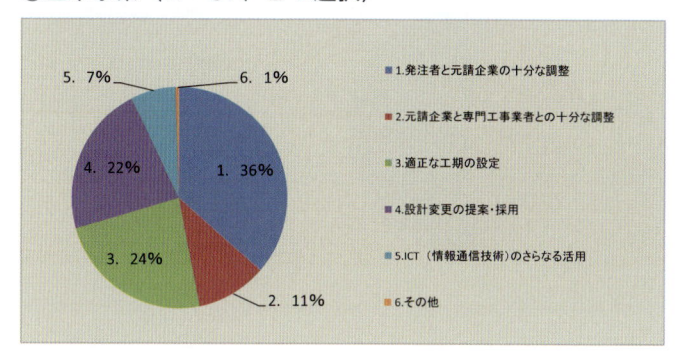

- 1. 発注者と元請企業の十分な調整: 36%
- 2. 元請企業と専門工事業者との十分な調整: 11%
- 3. 適正な工期の設定: 24%
- 4. 設計変更の提案・採用: 22%
- 5. ICT（情報通信技術）のさらなる活用: 7%
- 6. その他: 1%

②建築事業（N＝87、2つ選択）

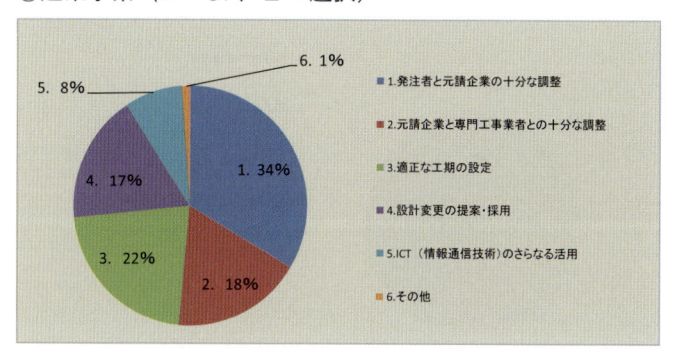

- 1. 発注者と元請企業の十分な調整: 34%
- 2. 元請企業と専門工事業者との十分な調整: 18%
- 3. 適正な工期の設定: 22%
- 4. 設計変更の提案・採用: 17%
- 5. ICT（情報通信技術）のさらなる活用: 8%
- 6. その他: 1%

資　料

(設問22) 建設生産システム合理化（生産性向上）のための、
設計段階での取組みについて、

①土木事業（N＝95）

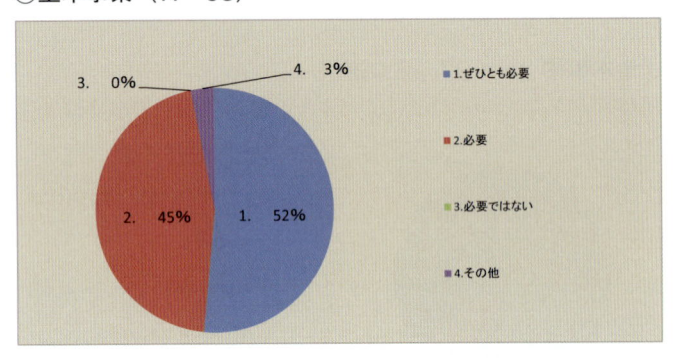

- 1.ぜひとも必要　52%
- 2.必要　45%
- 3.必要ではない　0%
- 4.その他　3%

【追加設問】［1．ぜひとも必要］［2．必要］と回答した方、
設計段階での建設生産システムの合理化に取り組むために
必要な要件（N＝91、2つ選択）

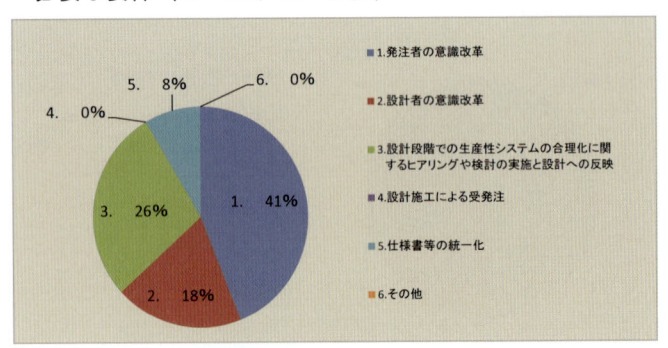

- 1.発注者の意識改革　41%
- 2.設計者の意識改革　18%
- 3.設計段階での生産性システムの合理化に関するヒアリングや検討の実施と設計への反映　26%
- 4.設計施工による受発注　0%
- 5.仕様書等の統一化　8%
- 6.その他　0%

②建築事業（N＝85）

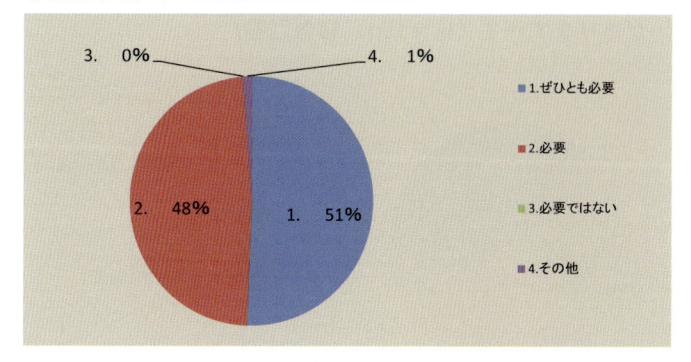

- 1.ぜひとも必要　51%
- 2.必要　48%
- 3.必要ではない　0%
- 4.その他　1%

【追加設問】［1．ぜひとも必要］［2．必要］と回答した方
設計段階での建設生産システムの合理化に取り組むために必要な要件（N＝83、2つ選択）

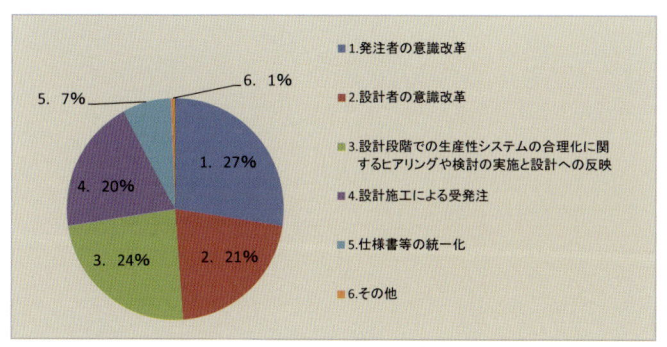

- 1.発注者の意識改革　27%
- 2.設計者の意識改革　21%
- 3.設計段階での生産性システムの合理化に関するヒアリングや検討の実施と設計への反映　24%
- 4.設計施工による受発注　20%
- 5.仕様書等の統一化　7%
- 6.その他　1%

資　料

（設問23）建設業のイメージアップについてどのような方策がありますか？（N＝101、複数回答）

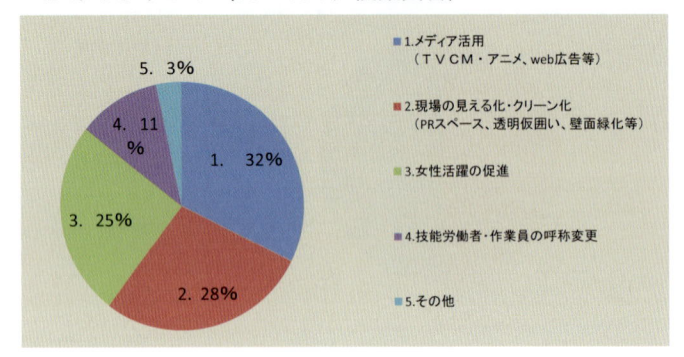

- 1. メディア活用（ＴＶＣＭ・アニメ、web広告等）　32%
- 2. 現場の見える化・クリーン化（PRスペース、透明仮囲い、壁面緑化等）　28%
- 3. 女性活躍の促進　25%
- 4. 技能労働者・作業員の呼称変更　11%
- 5. その他　3%

長期ビジョン作成者名簿

＜総合企画委員会＞

委員長	鹿島建設㈱	代表取締役社長	中村 満義
委員長代行	鹿島建設㈱	代表取締役副社長	渥美 直紀
委員	青木あすなろ建設㈱	代表取締役社長執行役員	吉武 宣彦
委員	あおみ建設㈱	副社長執行役員	橋立 洋一
委員	㈱淺沼組	取締役常務執行役員東京本店長	内藤 秀文
委員	㈱安藤・間	取締役専務執行役員社長室長	小島 秀一
委員	㈱大林組	代表取締役副社長執行役員	野口 忠彦
委員	㈱奥村組	取締役常務執行役員支社長	水野 勇一
委員	㈱加賀田組	常務執行役員営業本部長	志田 知隆
委員	鹿島建設㈱	執行役員経営企画部長	勝見 剛
委員	㈱熊谷組	執行役員新事業開発室長	大島 邦彦
委員	㈱鴻池組	取締役常務執行役員土木事業本部長兼海外管理本部長	澤井 清
委員	五洋建設㈱	代表取締役執行役員副社長兼経営管理本部長	佐々木 邦彦
委員	佐藤工業㈱	代表取締役専務執行役員	宮本 雅文

委員	清水建設㈱	代表取締役副社長	寺田	修
委員	西武建設㈱	取締役執行役員土木事業部長	菅原	道則
委員	㈱錢高組	取締役副社長役員	錢高	久善
委員	大成建設㈱	常務執行役員社長室長	田中	茂義
委員	大日本土木㈱	代表取締役専務執行役員	森川	英憲
委員	㈱竹中工務店	取締役執行役員副社長	岡田	正徳
委員	㈱竹中土木	取締役専務執行役員管理本部長	石川	裕工
委員	鉄建建設㈱	代表取締役執行役員副社長経営戦略室長	山崎	幹彦
委員	東亜建設工業㈱	代表取締役副社長	秋山	優樹
委員	東急建設㈱	代表取締役専務執行役員営業本部長	浅野	和茂
委員	東洋建設㈱	常務執行役員総合監査部・リスクマネジメント部管掌	池田	健太郎
委員	戸田建設㈱	専務執行役員本社建築本部本部長	宮﨑	泰
委員	飛島建設㈱	取締役執行役員副社長	安藤	保雄
委員	西松建設㈱	代表取締役副社長建築事業本部長	前田	亮
委員	㈱NIPPO	取締役専務執行役員	横山	茂

委員	日本国土開発㈱	専務取締役経営企画室・管理本部・安全品質環境部管掌	国分　秀信
委員	㈱橋本店	代表取締役社長	佐々木　宏明
委員	㈱長谷工コーポレーション	代表取締役専務執行役員	西野　實
委員	㈱ピーエス三菱	執行役員管理本部長・CSR担当	小山　靖志
委員	㈱フジタ	取締役専務執行役員建設本部長	中井　博正
委員	㈱不動テトラ	執行役員副社長	小林　正典
委員	前田建設工業㈱	常務執行役員・事業戦略室長 兼 経営企画担当	岐部　一誠
委員	三井住友建設㈱	取締役常務執行役員企画部・関連事業部担当役員	佐藤　友彦
委員	村本建設㈱	取締役専務執行役員	女川　勢順
委員	りんかい日産建設㈱	取締役常務執行役員	天本　哲二
委員	若築建設㈱	代表取締役兼専務執行役員	松尾　耕造

＜総合企画委員会政策部会＞

部会長	鹿島建設㈱	執行役員経営企画部長	勝見	剛
委員	㈱大林組	経営企画室部長	蔭山	弘幸
委員	鹿島建設㈱	経営企画部企画グループグループ長	矢島	晃
委員	㈱熊谷組	執行役員新事業開発室長	大島	邦彦
委員	五洋建設㈱	経営管理本部経営企画部経営企画課長	榊原	知孝
委員	清水建設㈱	コーポレート企画室産業政策渉外部 部長	古矢	徹
委員	㈱錢高組	建築事業本部営業本部営業部長	藤井	良一
委員	大成建設㈱	社長室経営企画部企画調査室 室長	植草	健史
委員	㈱竹中工務店	経営企画室・執行役員経営企画室長	関谷	哲也
委員	㈱竹中土木	経営戦略室企画グループグループリーダー	加山	貴敏
委員	東亜建設工業㈱	経営企画部企画課長	新宅	正伸
委員	戸田建設㈱	建築企画部 部長	首藤	智
委員	西松建設㈱	社長室経営企画部長	細川	雅一
委員	㈱NIPPO	企画部長	橋本	祐司
委員	㈱長谷工コーポレーション	経営企画部長	浅野	武彦
委員	㈱フジタ	管理本部経営企画部長	木本	雅裕
委員	前田建設工業㈱	総合企画部長	細川	雅則

＜総合企画委員会中長期ビジョン検討ワーキンググループ＞

第1WG（今後の建設市場の見通しと将来必要となる労働力の推計）

座長	大成建設㈱	社長室経営企画部企画調査室 室長	植草	健史
委員	㈱大林組	経営企画室企画課 課長	山口	雄一郎
委員	大成建設㈱	社長室経営企画部経営計画室課長	大池	一城
委員	東亜建設工業㈱	経営企画部企画課長	新宅	正伸
委員	㈱NIPPO	企画部企画第一グループ課長	村田	信之
委員	前田建設工業㈱	総合企画部経営企画グループマネージャー	榎原	尚徳

第2WG（2025年に向けた建設生産体制再生への道筋）

座長	鹿島建設㈱	経営企画部企画グループ グループ長	矢島	晃
委員	鹿島建設㈱	経営企画部企画グループ課長	岡内	大昌
委員	㈱熊谷組	経営管理本部経営企画部企画グループ副部長	池内	浩
委員	㈱銭高組	総合企画部課長	清水	裕喜
委員	㈱竹中土木	経営戦略室企画グループ グループリーダー	加山	貴敏
委員	戸田建設㈱	建築工務部工務1課主任	池端	裕之
委員	㈱長谷工コーポレーション	技術推進部門技術戦略室テクニカルエンジニア	鈴見	宜隆

第3WG（建設産業の超長期（2050年）ビジョン）

座長	清水建設㈱	コーポレート企画室 産業政策渉外部 部長	古矢　徹
委員	五洋建設㈱	経営管理本部経営企画部 企画グループ担当課長	嶋田　将也
委員	清水建設㈱	コーポレート企画室 産業政策渉外部主査	波多野　勝
委員	清水建設㈱	コーポレート企画室 産業政策渉外部グループ長	三枝　修平
委員	㈱竹中工務店	経営企画室課長	廣澤　慎治
委員	西松建設㈱	経営企画部企画課担当課長	本多　克行
委員	㈱フジタ	管理本部経営企画部課長	宗像　和雄

＜日建連事務局＞

事務総長　　　　　　　有賀　長郎
常務執行役　　　　　　竹島　克朗
常務執行役　　　　　　山本　徳治
常務執行役　　　　　　万仲　宣夫
企画調整部長　　　　　河合　一宏
企画調整部参事　　　　馬場　典恒
企画調整部参事　　　　枷場　　淳
企画調整部参事　　　　村田　桂子
企画調整部副参事　　　田中　規博

再生と進化に向けて－建設業の長期ビジョン－

2015年4月28日　第1版第1刷発行

編集・発行　一般社団法人 日本建設業連合会
東京都中央区八丁堀2-5-1
〒104-0032　電話 03(3553)0701
http://www.nikkenren.com/

発　売　株式会社 大成出版社
東京都世田谷区羽根木1-7-11
〒156-0042　電話 03(3321)4131
http://www.taisei-shuppan.co.jp/

©2015　一般社団法人 日本建設業連合会　　　印刷　信教印刷

落丁・乱丁はおとりかえいたします。
ISBN978-4-8028-3200-7